碾压混凝土与水电站
施工技术研究

庞保平 / 著

航空工业出版社
北京

内 容 提 要

本书首先对碾压混凝土的发展历程、碾压混凝土坝类型、我国碾压混凝土筑坝技术特点进行了阐述；其次阐述了碾压混凝土材料组成、结构与性能；论述了水电站施工技术，包括水电站厂房的基本类型、立式机组地面厂房布置、地下厂房的布置、水电站厂房施工，阐述了水电站大坝碾压混凝土施工技术，包括碾压混凝土坝仓面施工以及碾压混凝土坝施工温度控制；最后探究了水电站大坝碾压混凝土施工质量管理，涉及工程项目质量管理的相关理论、水电站大坝碾压混凝土施工基本情况、质量管理内容以及质量管理对策。

图书在版编目（CIP）数据

碾压混凝土与水电站施工技术研究 / 庞保平著. --
北京：航空工业出版社，2022.5
ISBN 978-7-5165-2862-4

Ⅰ.①碾… Ⅱ.①庞… Ⅲ.①碾压土坝—混凝土坝—工程施工—研究②水力发电站—工程施工—研究 Ⅳ.
①TV642.2 ②TV7

中国版本图书馆 CIP 数据核字 (2022) 第 006156 号

碾压混凝土与水电站施工技术研究
Nianya Hunningtu yu Shuidianzhan Shigong Jishu Yanjiu

航空工业出版社出版发行
（北京市朝阳区京顺路 5 号曙光大厦 C 座 4 层　100028）
发行部电话：010-85672688　010-85672689

三河市明华印务有限公司印刷　　全国各地新华书店经销
2022 年 5 月第 1 版　　　　　　2022 年 5 月第 1 次印刷
开本：880×1230　1/32　　　　　字数：110 千字
印张：7　　　　　　　　　　　　定价：40.00 元

PREFACE 前言

碾压混凝土是一种干硬性贫水泥的混凝土,是由胶凝材料、砂、分级控制的粗骨料、水及外加剂拌制成无坍落度的干硬性混凝土,主要应用在水库大坝的工程建设中,通常采用与土石坝施工相同的运输及铺筑设备,用振动碾分层压实。碾压混凝土筑坝技术是世界筑坝史上一次新的突破,从20世纪60年代开始,世界各国就开始进行碾压混凝土的试验研究。我国于20世纪70年代末开始引入该项技术,并于1986年建成了第一座碾压混凝土重力坝——福建省坑口大坝。在推广初期,部分学者对层间结合、坝体防渗等产生疑虑和争论,曾一度减缓了碾压混凝土坝的应用进程。在历经几个时期的发展后,碾压混凝土也在不断研究、总结和创新,随着试验研究的深入,原材料、混凝土配合比及施工机械、施工工艺的改进,先进科学的设计理论和实践的不断结合,碾压混凝土筑坝技术逐渐提高。碾压混凝土坝既具有混凝土体积小、强度高、防渗性能好、坝身可溢流等特点,又具有土石坝施工程序简单、快速、经济、可使用大型通用机械的优点。由于碾压混凝土坝融合了常态混凝土坝结构和碾压土石坝施工的长处,因此,碾压混凝土坝作为近年来广泛应用的筑坝技术受到了越来越多的关注。

水电站的建设是一项非常复杂的工程,在进行水电站施工的过程中会涉及很多方面,且具有资金投入大和工期长的特点。所以如果在施工的过程中没有对施工质量管理工作提高认识,就会使得水电站建设过程中出现一些质量问题，会严重影响水电站建设施工的顺利进行。那么在进行水电站施工过程中一定要根据本地的实际情况采取相应的质量管理策略，使水电站建设的管理工作顺利进行，为水电站安全、正常的建设提供保障。在水电站建设过程中，水电站的施工管理起到了重要作用。在水电站建设工程中采用专业的项目管理团队可以使项目工程有序进行。专业的项目管理主要是对工程项目进行采购管理，协调相关部门，对施工风险和人员等进行管理。水电站施工项目的管理始终贯穿于整个水电站建设的过程中，可以代替有关投资人员进行水电站建设的相关管理工作。如果没有相关的施工管理部门就需要投资方自己进行上述工作，对项目投资方来说极其不方便。

鉴于此，笔者撰写了《碾压混凝土与水电站施工技术研究》一书。本书共有五章。第一章对碾压混凝土进行了概述，第二章阐述了碾压混凝土的材料组成、结构与性能，第三章对水电站施工技术进行了探究，第四章对水电站大坝碾压混凝土施工技术进行了探究，第五章探究了水电站大坝碾压混凝土施工质量管理。本书具有鲜明的技术特点，结构严谨、条理清晰、逻辑性强。

在撰写本书的过程中，为提升本书的学术性与严谨性，笔者参阅了大量的文献资料，引用了一些同人前辈的研究成果，因篇幅有限，不能一一列举，在此一并表示最诚挚的感谢。由于碾压混凝土与水电站施工技术涉及的范畴比较广，需要探索的层面比较深，笔者在撰写的过程中难免会存在一定的不足，对一些相关问题的研究不透彻，恳请前辈、同行以及广大读者斧正，使之更加完善。

目录

第一章 碾压混凝土概述 ... 01
第一节 碾压混凝土的发展历程 ... 02
第二节 碾压混凝土坝类型 ... 09
第三节 我国碾压混凝土筑坝技术及其展望 ... 15

第二章 碾压混凝土材料组成、结构与性能 ... 33
第一节 碾压混凝土的组成材料 ... 34
第二节 碾压混凝土的结构 ... 81
第三节 碾压混凝土的性能 ... 99

第三章 水电站施工技术探究 ... 127
第一节 水电站厂房的基本类型 ... 128
第二节 立式机组地面厂房布置 ... 135
第三节 地下厂房的布置 ... 148
第四节 水电站厂房施工 ... 156

第四章 水电站大坝碾压混凝土施工技术探究 ... 163
第一节 碾压混凝土坝仓面施工 ... 164
第二节 碾压混凝土坝施工温度控制 ... 175

第五章 水电站大坝碾压混凝土施工质量管理 185
 第一节 工程项目质量管理的相关理论 186
 第二节 水电站大坝碾压混凝土施工基本情况 194
 第三节 水电站大坝碾压混凝土施工质量管理对策研究 197

结束语 205

参考文献 209

第一章

碾压混凝土概述

第一节 碾压混凝土的发展历程

碾压混凝土技术是采用类似土石方填筑施工工艺,将无坍落度的混凝土用振动碾压实的一种新的混凝土施工技术。碾压混凝土坝是随着土力学理论的发展和大型土石方施工机械的使用,人们将混凝土坝的安全性和土石坝的高效率施工相结合而探索出的一种新坝型。碾压混凝土坝既具有混凝土坝体积小、强度高、防渗和耐久性能好、坝身可溢流等特点,又具有土石坝施工简便、快速、经济、可使用大型通用机械等优点。采用碾压混凝土技术筑坝,突破了传统的混凝土大坝柱状法浇筑对混凝土浇筑速度的限制,具有施工简便、机械化程度高、工期短、工程造价低等特点,发展极为迅速,目前已广泛应用于世界各国的水利水电工程中。

一、起源阶段

20世纪20—60年代,碾压混凝土筑坝起源于贫混凝土。碾压混凝土筑坝施工的历史可追溯到干贫混凝土在公路和回填工程中的应用,从20世纪20年代末起,常用于高速公路路基和机场地面,当时被称为贫混凝土或干贫混凝土。

1941年,有学者发表文章首次建议将碾压混凝土用于大坝施工,直到1960—1961年,碾压混凝土才开始应用于大坝围堰施工。中国台湾石门坝的围堰防渗心墙采用了土坝施工方法进行连续级配混凝土摊铺和碾压,骨料最大粒径76mm,胶凝材料掺量

107kg/m³，摊铺层厚30cm，采用自卸汽车运输入仓和推土机平仓，并借助其压实。

1961—1964年，意大利阿尔佩盖拉（Alpe Gera）重力坝采用了类似土坝不分块、全断面上升的贫混凝土筑坝施工方法，采取全断面通仓薄层浇筑低流态贫混凝土、斜轨斗车垂直运输混凝土、自卸汽车入仓、推土机平仓（铺层厚70cm）、悬挂于推土机后部的插入式振捣器振捣和切缝机切割横缝的施工方法，在坝体上游面铺设钢板防渗，取消了坝内冷却水管，坝体从河床一岸到另一岸全线同时浇筑上升，现场试验表明在混凝土浇筑后最早龄期开始，车辆通行不会损坏混凝土，这些突破为碾压混凝土筑坝奠定了基础。

1965年，加拿大魁北克曼尼科甘一号（Manicougan Ⅰ）坝建造了两座高18m的重力式翼墙。内部采用贫浆混凝土，推土机铺筑，插入式振捣器振捣；上游面采用富浆混凝土和垂直滑模施工工艺；下游面采用预制混凝土块。

二、进入世界性科研试验阶段

20世纪70年代，碾压混凝土筑坝进入世界性科研试验阶段。20世纪70年代开始，世界各国纷纷开展碾压混凝土筑坝科研试验研究工作，前期主要在美国、英国和日本等国进行，随后中国、加拿大、巴基斯坦、巴西、委内瑞拉和南非等国也相继进行了试验研究工作。

1970年，拉费尔（J.M.Raphael）在美国加利福尼亚州召开的混凝土快速施工会议上发表了《最优重力坝》，提出采用掺水泥的天然级配粗颗粒料，并用高效率的土石方运输和碾压机械碾压的筑坝方法，使坝体的坡度和水泥用量（强度）达到最优，优化坝体的断面介于大体积土石坝和混凝土重力坝之间，促进了碾压混凝土坝概念的发展。其后帕顿（Paton）在1971年国际大坝会议中提出将干贫混凝土用于坝体。

1972年，在同一地点又召开了混凝土坝经济施工会议，坎农（R.W.Cannon）的论文《采用土料压实方法建造混凝土坝》进一步发展了拉费尔的设想。他还发表了《用振动碾压实大体积混凝土》。同时，公布了1971年泰斯·福特坝（Tims Ford）用自卸汽车运输、前卸式装载机平仓、振动碾碾压无坍落度贫浆混凝土的系列现场原型试验成果，并首次建议碾压混凝土的胶凝材料应含相当比例的掺合料（当时为低钙粉煤灰）。

随后美国陆军工程师团先后在维克斯帕（Vicksburg）坝、杰克逊（Jackson）坝和洛斯特溪（Lost Greek）坝等工程中进行了更大规模的碾压混凝土现场试验，钻孔取芯效果良好。并于1974年对美国津泰峡谷（Zintei Canyon）坝提出了碾压混凝土重力坝比较方案，作为土坝设计替代方案，虽然因为资金问题该坝直到1992年才开始建设，但其设计理念为后来的柳溪（Willow Creek）坝所采用。

1973年，第11届国际大坝会议提出了开展"混凝土坝缩短工期、提高经济效益"的研究，美国、日本等国家先后有组织地开展了这方面的试验研究工作，并在坝基、消力池等局部地区进行了现场试验。莫法特（A.I.B.Mofiat）提出了《适用于重力坝施工的贫浆混凝土研究》，进一步深化了碾压混凝土重力坝的概念。

他推荐将20世纪50年代英国路基上使用的贫浆混凝土用于修筑混凝土坝，用筑路机械将其压实。

首次大规模使用碾压混凝土的工程，是1975年美国陆军工程师团承建的巴基斯坦塔贝拉（Tarbela）坝泄洪隧洞修复工程。该工程采用未经筛洗的砂砾石料加少量水泥拌和混凝土（骨料最大粒径150mm，小于0.075mm细料用量约为10%，水泥用量$110\sim133.5kg/m^3$），大型自卸汽车运输，推土机平仓，12t振动碾碾压，快速修复被冲毁的泄洪洞出口消力池，并正式将该混凝土命名为碾压混凝土（Rollcrete）。利用枯水期浇筑了250多万m^3碾压混凝土，并在42d内浇筑了35.17万m^3碾压混凝土，平均日浇筑强度为8371m^3，最大日浇筑强度达1.85万m^3，显示了碾压混凝土快速施工的巨大潜力。

1973—1977年，普莱斯（Price）在试验室对贫混凝土进行设计及全面综合性试验研究。针对大型建筑物基础采用高粉煤灰掺量、低水泥用量的贫混凝土试验研究，以提高碾压混凝土的相对密实度和层间黏结能力，并研究用激光控制滑模，进行上下游坝面的施工。1978—1980年，英国还进行了现场试验，并于1982年在小型碾压混凝土坝施工中应用。这些研究虽未在英国广泛应用，但为美国垦务局设计上静水水电站工程打下了基础。

1974年，日本建设省成立混凝土坝合理化施工委员会，对碾压混凝土设计、原材料配合比、碾压施工工艺和温度控制进行研究，提出了碾压混凝土筑坝法（Roller Compacted Dam，简称RCD），并开展了RCD工法试验研究。为使大坝具有足够的耐久性和防渗性，适应日本冬季严寒、夏季相对燥热的气候和高地震区筑坝要求，采用了"金包银"结构型式，用厚2.5~3.0m的表层常态混凝土对碾压混凝土坝体进行表面保护，对水平施工缝进行刷毛和铺砂浆垫层处理，以提高RCD混凝土的抗渗性和黏聚力，伸缩缝设置综合配套的止水和排水措施。1976年在日本大川（Ohkawa）坝上游围堰进行了现场施工试验，验证了用振动碾压实干硬性混凝土的可能性和切缝机切割造缝的可行性；1978年9月，在坝高89m的岛地川坝坝体正式使用碾压混凝土；1979年10月，在大川坝坝基底板上也使用了碾压混凝土。

三、开始碾压混凝土筑坝并进入初期快速增长实用阶段

20世纪80—90年代初，正式开始碾压混凝土筑坝并进入初期快速增长实用阶段。在该期间，从世界上第一座碾压混凝土坝和第一座全碾压混凝土坝建成到后来的百米级碾压混凝土重力坝建设，碾压混凝土筑坝技术进入了实用阶段，开始了初期碾压混凝土坝建设的快速增长，并逐步在世界各地展开应用。到1992年年底，世界上已建和在建的大坝工程达116座，分布遍及五大洲（主要分布在北美洲和亚洲），该时期美国、日本和西班牙等国发展较快，建成了较多的碾压混凝土坝。

1980年，日本建成了世界上第一座碾压混凝土坝岛地川（Shimajigawa）坝，这也是世界上首座RCD坝，坝高89m，坝体碾压混凝土方量16.5万m^3（占混凝土总量31.7万m^{3}的52%），胶凝材料用量120kg/m^3，其中粉煤灰占30%，上游面用厚3m的常态混凝土防渗，压实层厚度为50cm和70cm，浇筑间歇期1~3d，采用切缝机形成坝体横缝。

1982年，美国建成了世界上第一座全碾压混凝土坝（Roller Compacted Concrete，简称 RCC）柳溪（Willow Creek）坝。该坝高52m，坝轴线长518m，坝体采用贫胶凝材料碾压混凝土，人工骨料最大粒径76mm，细粒料用量4%～10%，胶凝材料用量仅66kg/m^3（水泥用量47kg/m^3，粉煤灰掺合料用量19kg/m^3），上游面采用预制混凝土面板，坝体碾压混凝土量31.7万m^3，采用不设纵横缝、连续浇筑上升工艺，浇筑层厚24～34cm，并采用激光束控制浇筑水平度，在不到5个月的时间内完成碾压混凝土施工，充分显示了碾压混凝土坝所具有的快速性和经济性，有力推动了碾压混凝土坝在美国和世界各国的迅速发展。

1984年，澳大利亚建成了第二座全碾压混凝土坝科波菲尔（Copperfield）坝，该坝坝高40m，坝体碾压混凝土水泥用量80kg/m^3、粉煤灰30kg/m^3，首次在碾压混凝土坝上设置常态混凝土溢洪道。

1985年和1986年建成的西班牙卡斯蒂尔布兰科·德洛斯里奥斯（Castilblanco de los Arroyos）坝和中国坑口坝，分别为西班牙和中国修建的第一座碾压混凝土坝，采用了富胶凝材料碾压混凝土，掺有大量掺合料。此后，南非、巴西和墨西哥也纷纷开始碾压混凝土建设。1988年，建成的南非克涅布特（Knellpoort）坝是第一座碾压混凝土拱坝，碾压混凝土方量4.5万m^3。

当时在建最高碾压混凝土坝是日本宫濑碾压混凝土重力坝（坝高155m），采用RCD工法建造。在建最高的碾压混凝土拱坝是中国普定拱坝（坝高75m），采用全断面碾压混凝土通仓薄层连续浇筑快速施工，在迎水面用二级配富胶凝材料混凝土自身防渗。

四、稳定发展繁荣阶段

1993—2005年，碾压混凝土筑坝进入稳定发展繁荣阶段。该时期碾压混凝土施工有了长足进步与发展，筑坝技术日趋成熟，工程规模、坝型、坝体高度和应用范围不断取得突破创新，碾压混凝土坝型也从碾压混凝土重力坝逐步拓展到了重力拱坝、高拱坝和薄拱坝等，并普遍应用于围堰工程，碾压混凝土坝以平均每年约18座的建设速度稳定发展。世界各国碾压混凝土坝开始进入稳定增长期，日本和中国筑坝数量都在20世纪90年代中期开始赶超美国，21世纪初巴西也进入了快速发展阶段，筑坝数量逐步超过美国。至2005年，碾压混凝土坝数量达到319座，当时已建最高的碾压混凝土重力坝是哥伦比亚的米尔工坝（坝高188m），已建最高的碾压混凝土拱坝是中国沙牌拱坝（坝高132m），在建最高的碾压混凝土重力坝是中国龙滩重力坝（坝高216.5m），在建最高的碾压混凝土拱坝是中国大花水拱坝（坝高134.5m）。

该期间中国碾压混凝土筑坝开始迅猛发展，至2005年年底中国建成碾压混凝土坝66座，在建碾压混凝土坝35座，开展了一大批100m以上高碾压混凝土坝建设，建成了岩滩、水口、江垭、大朝山、棉花滩、索风营等100m以上碾压混凝土重力坝和沙牌、石门子、蔺河口、招徕河等水电站100m以上碾压混凝土高拱坝，并开始了龙滩、光照等水电站200m级高碾压混凝土重力坝建设。平均每年建成碾压混凝土坝3～4座，每年新开工碾压混凝土坝4～5座，有力推动了碾压混凝土筑坝技术的进步和发展[1]。

---

①杨军.碾压混凝土大坝施工在水利工程中的运用[J].四川建材，2017，43（7）：111+113.

五、高速发展成熟阶段

2006年至今，碾压混凝土筑坝进入高速发展成熟阶段。碾压混凝土筑坝技术发展迅猛，中国的龙滩、光照等水电站200m级高碾压混凝土重力坝相继建成，高167.5m的万家口子水电站碾压混凝土高拱坝开始建设，碾压混凝土坝以平均每年约30座的建设速度高速发展。

目前，中国已建成的碾压混凝土坝数量和规模远超世界各国，筑坝技术日趋成熟，施工工艺日益完善。日本、巴西和美国各有45~55座碾压混凝土坝建成，西班牙、土耳其、摩洛哥、南非、越南、澳大利亚和墨西哥等国各有15~25座碾压混凝土坝建成，希腊、法国、伊朗和秘鲁各建成5~10座碾压混凝土坝。土耳其和越南两国虽然起步晚，但近年来其碾压混凝土筑坝速度呈现出快速增长之势。

第二节　碾压混凝土坝类型

一、按碾压混凝土坝类型分类

碾压混凝土按坝型主要分为重力坝和拱坝两种。碾压混凝土拱坝又分为重力拱坝和拱坝两类。

（一）碾压混凝土重力坝

碾压混凝土重力坝与常态混凝土重力坝设计准则基本相同，因混凝土材料性质和筑坝方法差异导致设计有所区别，须统筹考虑混凝土材料、坝体结构设计、附属建筑物、孔洞和构件布置，以充分发挥碾压混凝土快速施工的优势。

1. 结构设计

碾压混凝土重力坝设计应保证坝体稳定，满足强度、抗渗性和耐久性要求，因当前碾压混凝土重力坝多采用全断面通仓薄层浇筑连续上升工艺，碾压混凝土坝的内部温度及应力分布与常态混凝土坝有较大不同，通常采用有限元法进行分析研究。高碾压混凝土重力坝的碾压层面结合质量对坝体的抗滑稳定极为重要，连续铺筑法层面结合效果良好，钻孔取芯率一般超过98%，芯样的碾压层面折断率在5%～8%之间，龙滩水电站工程钻取芯样的层面折断率仅为2.5%。

坝体结构设计与总体布置应尽可能简单，简化坝体结构，合理分块分缝，做好防渗结构，简化排水、观测设备、辅助设施和坝体廊道布置，减少坝体孔洞，合理布置厂房，溢流坝面采用台阶消能，坝下游坡也常采用混凝土预制块形成阶梯状台阶，以利于充分发挥碾压混凝土快速施工的优点，加快进度、缩短工期、降低造价[1]。

2. 坝体分缝分块

早期为满足碾压混凝土大仓面机械化施工需要，有些重力坝曾采用整体式结构，不设纵横缝或设置的横缝间距较长，较易产生劈头裂缝。随着轻便切缝设备研制和机械切缝、诱导缝技术的

---

[1]何玉娟.水利工程中碾压混凝土大坝施工技术的运用[J].农民致富之友，2018（1）：58.

发展，目前碾压混凝土重力坝一般不设纵缝，横缝结构有永久横缝和诱导缝两种，间距一般为20~30m。

3. 配合比设计

初步设计特别是高碾压混凝土坝设计应重视碾压混凝土配合比选择和层面处理方式。高碾压混凝土坝应进行生产性碾压试验，特殊工程的生产性碾压试验须专门设计。龙滩水电站重力坝进行了大量的生产性试验，结果表明，在夏季高温气候条件下碾压混凝土层面黏聚力可达到2.0MPa以上、摩擦因数大于1.2。

优化混凝土强度等级分区，不少工程碾压混凝土仍采用90d设计龄期，大量工程试验结果表明180d或更长龄期的碾压混凝土，其物理力学性能有较大潜力，可根据实际情况进一步推广应用180d设计龄期碾压混凝土，充分利用碾压混凝土后期强度。

4. 防渗结构

早期在中低坝中先后探索过沥青砂浆护面、预制混凝土模板嵌缝、预应力补偿收缩钢筋混凝土、PVC膜等防渗结构型式，后来又多采用"金包银"模式。目前，我国普遍采用了二级配富胶凝材料碾压混凝土为主外部增加变态混凝土的复合型防渗结构体系，其防渗效果可满足W10、W12的抗渗指标要求，少数高坝在上游面附加了防渗涂料保护。

5. 混凝土温度控制

通仓浇筑的碾压混凝土重力坝和柱状跳块浇筑的常态混凝

土重力坝在基础温差、上下层温差、内外温差、坝体温度和温度应力分布等方面都有较大差别，碾压混凝土高坝应采用三维有限元法进行坝体温度控制分析，提出合理的温度控制标准及防裂措施。碾压混凝土具有水泥用量小、粉煤灰掺量高、绝热温升小、水化热温升慢、温度分布均匀等特点。温度控制设计应根据材料性能、结构尺寸、气候条件、铺筑层厚度、连续升程及间歇方式，并结合仓面降温散热措施等进行研究，合理安排施工时段，降低温度控制难度。

（二）碾压混凝土拱坝

拱坝主要利用拱圈和坝体强度来承担挡水荷载，常态混凝土拱坝通常采用柱状跳块浇筑、均衡上升工艺，常采用预埋冷却水管后期冷却将坝体冷却到最终稳定温度，在水库蓄水前，进行接缝灌浆封拱，形成拱圈效应。碾压混凝土拱坝原理类似于常态混凝土拱坝，适宜于在狭窄和陡峭峡谷中建设，具有体积小、投资省、成本低、施工速度快等特点。不同之处主要在于拱坝分缝与施工工艺，碾压混凝土拱坝一般采取全断面通仓薄层碾压、连续上升施工工艺，碾压混凝土拱坝的分缝结构型式和应力分布也与常态混凝土拱坝不同，两种坝体的温度应力场也就有明显差异。按结构型式碾压混凝土拱坝可分为重力拱坝和拱坝两种类型。

1. 体型及断面选择

狭窄的V形河谷一般适于修建拱坝，较宽阔的U形河谷适于修建重力拱坝。拱坝通常采用试载法或三维有限元法进行结构分析。由于碾压混凝土拱坝通常采用通仓浇筑（设诱导缝），拱坝温度应力复杂,一般应进行详细的三维有限元分析,确定是否设置收缩缝,以及设缝间距。拱坝的应力水平通常高于重力坝,碾压混凝土拱坝的设计强度也比大部分碾压混凝土重力坝的设计强度高,进行碾压混凝土拱坝配合比设计时应充分考虑尽可能多地掺加活性材料,降低碾压混凝土水化热温升。

碾压混凝土拱坝的平面布置型式与常态混凝土拱坝相似。如普定拱坝采用的是定圆心、变半径、变中心角的等厚、双曲非对称拱坝。沙牌拱坝采用三心圆单曲拱坝。

碾压混凝土拱坝的断面选择也与常态混凝土拱坝无本质区别。拱坝的上游坝坡除溪柄溪坝有1:0.082的斜坡外,一般均为垂直,拱坝一般设有溢流设施,部分拱坝采取了坝体上游面的反坡倒悬结构,有利于改善坝体的应力状态。

2. 分缝型式

碾压混凝土拱坝的分缝除要考虑满足温控防裂等要求外,还应充分考虑碾压混凝土仓面快速施工的要求。分缝型式一般设置为横缝和诱导缝。横缝是贯穿坝体上下游的连接缝,采用切缝机切缝;诱导缝则是部分缝面用预制混凝土块隔断,局部辅以振动切缝方法造缝形成断续缝,预制块之间用可重复灌浆的灌浆管路组成可重复灌浆体系。

普定水电站拱坝采取坝肩一道横缝、坝体两道诱导缝的分缝型式,诱导缝内设有灌浆管,在缝张开时能够多次灌浆;沙牌水电站拱坝采用了四条诱导缝并研发了可重复灌浆系统;大花水水电站和龙首水电站拱坝采用拱坝加重力坝的混合式布置,拱坝除设两条诱导缝外，还设置了周边缝；溪柄水电站拱坝和石门子水电站拱坝采用了应力释放短缝结构分缝，即在大坝上游面靠近坝肩附近4~6m处，上游面设置两条伸入坝体的短缝，短缝长度约为该部位拱坝厚度的1/3，缝末端设有止缝结构，上游设有止水；石门子水电站拱坝温度应力突出，在上游面增设了柱式铰，下游面中间增设一条短缝，取得了良好效果。

二、按设计理念及碾压混凝土胶凝材料用量分类

按设计施工理念及碾压混凝土胶凝材料用量可分为贫胶凝材料碾压混凝土坝、RCD碾压混凝土坝、中胶凝材料碾压混凝土坝、富胶凝材料碾压混凝土坝四大类。

早期的碾压混凝土坝多采用低胶凝材料用量的贫胶凝材料碾压混凝土，随着碾压混凝土筑坝技术日趋成熟，特别是高碾压混凝土坝筑坝建设发展，目前多采用富胶凝材料碾压混凝土。

（1）贫胶凝材料碾压混凝土坝。该类坝碾压混凝土胶凝材料（硅酸盐水泥和掺合料）用量一般小于$100kg/m^3$，掺合料掺量小于40%，碾压层厚300mm，碾压混凝土具有强度低、水化热低、抗渗性和耐久性较差等特点，一般永久构筑物需在上游面设置防渗结构。典型坝有威洛·克里克坝、格林德斯顿峡坝及蒙克斯威尔坝。

（2）RCD碾压混凝土坝。该类坝起源于日本，采用典型的"金包银"模式，在碾压混凝土坝体的迎水面、背水面和基础均采用常规混凝土防渗和保护，碾压混凝土胶凝材料含量为$120~130kg/m^3$，掺合料掺量20%~35%，碾压层厚

500~1000mm，切割成缝并设置止水及排水设施。典型坝有岛地川坝和玉川坝。

（3）中胶凝材料碾压混凝土坝。该类坝碾压混凝土胶凝材料用量一般为100~149kg/m³，掺合料掺量20%~60%，碾压层厚300mm，一般设有防渗保护结构，典型坝有科波菲尔（Copperfield）坝等。

（4）富胶凝材料碾压混凝土坝。该类坝碾压混凝土胶凝材料含量通常在150kg/m³以上，掺合料掺量30%~80%，碾压层厚300mm，富胶凝材料碾压混凝土因掺合料掺量大，硅酸盐水泥用量低，具有较低的孔隙率，层间结合良好。典型坝有上静水水电站、普定水电站及龙滩水电站大坝。

第三节 我国碾压混凝土筑坝技术及其展望

一、我国碾压混凝土筑坝技术

我国自20世纪80年代初开始对碾压混凝土筑坝技术进行全面研究探索以来，该项技术得以逐渐推广及应用。目前，碾压混凝土筑坝技术已由低坝向高坝发展，重力坝向拱坝和薄拱坝发展，并推广应用于围堰等方面，碾压混凝土筑坝技术日益成熟。

（一）原材料及配合比

碾压混凝土胶凝材料一般由水泥和粉煤灰等组成，水泥常采用强度等级32.5~42.5MPa的中低热硅酸盐水泥或普通硅酸盐水泥及具有微膨胀性水泥，掺合材料多为Ⅱ级粉煤灰。通过大量试验研究与工程实践，我国碾压混凝土配合比特点为：低水泥用量、胶凝材料适中（三级配碾压混凝土的胶凝材料用量一般为 130～190kg/m³，抗渗、抗冻指标要求较高的二级配碾压混凝土的胶凝材料用量为 200～220kg/m³）、混凝土绝热温升低（一般在 12～20℃范围）；高掺合料，粉煤灰掺合料掺量不断提高（掺量 40%～70%）；掺具有高效缓凝减水及引气作用的复合外加剂，抗渗、抗冻性能好；外加剂的应用已经由普通缓凝减水剂向高效缓凝减水剂与引气剂复合的复合外加剂发展；适当增加石粉含量；根据实际情况适当降低碾压混凝土的 VC 值（注：碾压混凝土拌合物在规定振动频率及振幅、规定表面压强下，振至表面泛浆所需的时间〔以 s 计〕)等。实践表明按此特点配制的碾压混凝土，不仅物理力学性能满足设计标准，而且改善了碾压混凝土的和易性、可碾性，使层间结合的质量得到保证。

1. 骨料

我国的碾压混凝土骨料大多为三级配骨料，近年来，个别工程开展了四级配碾压混凝土应用研究，最大粒径为 120mm，砂石骨料采用人工骨料或天然骨料。人工骨料宜优先选用灰岩骨料（膨胀系数较小，粒径较好，石粉含量适度），如龙滩、江垭、普定等水电站采用了灰岩骨料。大朝山、棉花滩和百色等水电站，因没有灰岩料场，经研究试验，分别采用玄武岩、花岗岩和绿辉岩加工成骨料。其中百色水电站辉绿岩人工骨料硬度大、弹性模量高、加工困难，人工砂石粉含量高，通过掺用含高分子材料缓凝高效减水剂，并根据温度变化调整外加剂掺量，解决碾压混凝土凝结时间短的问题，并利用石粉高出20%含量部分的微石粉作为非活性掺合材料等量替代粉煤灰，改善了碾压混凝土的工作性能[①]。

2. 掺合料

对碾压混凝土原材料的试验研究也不断取得了新的进展。碾压混凝土掺合料主要为粉煤灰，部分工程因地制宜地采用了磷矿渣、凝灰岩、锰矿渣、钢渣或尾矿粉等，掺合料的掺量一般控制在45%~65%的范围。

人工砂中石粉含量的多少直接影响碾压混凝土性能，《水工碾压混凝土施工规范》（DL/T 5112—2009）在2000年版本"人工砂含量宜控制在10%~22%，最佳石粉含量应通过试验确定"的基础上增加了"其中$D \leqslant 0.08mm$的微粒含量不宜小于5%"的内容，适当规定了人工砂中石粉允许含量，以确保碾压混凝土的可碾性和泛浆性，改善混凝土的层面结合。粒径小于0.15mm的石粉，特别是小于0.08mm的微石粉已成为碾压混凝土的重要组分，工程实践表明石粉含量在16%~18%时碾压混凝土的性能明显改善，石粉含量进一步扩大到22%，仍可满足碾压混凝土的力学指标要求。外掺石粉研究，解决了不同砂外掺石粉用量对混凝土抗压、抗拉强度的影响。

大朝山水电站就地取材采用凝灰岩与磷矿渣混磨制成PT料代替常用的粉煤灰。磷矿渣掺入混凝土后，混凝土热峰值减小，后期强度增加，混凝土极限拉伸值增大，既有利于减少混凝土温度

[①] 曹斌.碾压混凝土筑坝技术问题的探讨[J].建材与装饰，2018（46）：286-287.

裂缝，保证混凝土耐久性，同时，又可充分利用外加剂的特殊性能，延长混凝土初、终凝时间，降低大体积混凝土施工强度，有利于新老混凝土层间结合。此技术的采用不仅解决了当地无粉煤灰资源的大朝山水电站碾压混凝土重力坝的掺合料问题，还为碾压混凝土掺合料的选择开辟了新的途径，为缺少粉煤灰资源地区采用碾压混凝土筑坝提供了可资借鉴的成功经验。索风营水电站碾压混凝土施工中将磷矿渣（P）和粉煤灰（F）复掺作为碾压混凝土掺合料，成功应用于大坝左非溢流坝段。其他工程也分别就地取材，采用粉煤灰与锰铁矿渣、凝灰岩与锰铁矿渣、铁矿渣与石灰岩、粉煤灰与磷矿渣等混合磨制成掺合料，应用情况良好。大量实验和观测资料、取岩芯试验表明，各项参数均可满足设计要求，并且耐久性也得到了提高，对扩大碾压混凝土坝的应用范围有益。

3. 掺氧化镁技术

外掺氧化镁（MgO）筑坝技术早期已在青溪水电站、水口水电站等工程中应用，在严寒地区的石门子水电站碾压混凝土拱坝和蔺河口碾压混凝土拱坝下部结构中也掺用了MgO以补偿温降收缩。在索风营水电站大坝碾压混凝土施工中，采用了全断面外掺MgO微膨胀剂碾压混凝土施工工艺，对全断面掺MgO膨胀剂进行碾压混凝土施工进行了有益的探索。利用MgO微膨胀混凝土的延迟膨胀性补偿混凝土温降收缩，提高碾压混凝土的抗裂能力，减少碾压混凝土的裂缝，提高碾压混凝土的耐久性能，进一步简化了温控措施，并与预冷混凝土和初期通水冷却削峰等技术相配套，解决了该工程夏季连续施工的技术难题。该工程通过对拌和楼进行技术改造，增加了MgO输送、称量、控制系统，实现了外掺MgO的自动化作业，外掺MgO均匀性控制良好，离差系数CV值控制在0.04以内，保证了工程质量。

4. 四级配碾压混凝土

沙陀水电站尝试开展了四级配碾压混凝土配合比研究与应用。研究结果表明，四级配碾压混凝土的用水量比三级配碾压混凝土降低 $8 \sim 10 kg/m^3$，胶凝材料降低 $16 \sim 20 kg/m^3$；在四级配碾压混凝土拌合物VC值与三级配碾压混凝土相同或稍低的情况下，有较好的抗分离性能和可碾性。四级配碾压混凝土和三级配碾压混凝土相比，抗压强度无明显差异，劈拉强度、极限拉伸值略低，抗压弹模略高，泊松比接近，干缩率低15%～25%；自生体积变形值略小；可降低混凝土水化热温升2.2～2.5℃，导温系数接近，导热系数和比热略小；抗渗性能略低；抗冻融循环能力相当。

（二）碾压混凝土自身防渗技术

碾压混凝土自身防渗采用以二级配富胶凝材料碾压混凝土为主，外部增加变态混凝土的复合型防渗结构体系。变态混凝土临靠上游坝面，厚度30～50cm，二级配富胶凝材料碾压混凝土厚度为坝高的1/20～1/15，其防渗效果可满足W10、W12的抗渗指标要求，碾压混凝土自身防渗结构能确保两种混凝土同步上升，避免由于不能及时变换混凝土品种而使层面间隔时间过长，形成交界薄弱面甚至冷缝现象。同时，大大减少了坝体碾压混凝土的施工干扰，提高了施工速度，充分体现了碾压混凝土快速筑坝施工优势。自普定水电站碾压混凝土拱坝成功采用二级配碾压混凝土自身防渗技术以来，目前，我国已普遍采用这种防渗结构体系。室内实验和工程实践均已证明，质量良好的碾压混凝土，无论是二级配、还是三级配，均有很好的防渗能力。江垭水电站在大坝上游面钻取垂直和水平混凝土芯样，进行专门抗渗试验研究，混凝土不仅能满足设计的W8抗渗指标，甚至超过了W10，混凝土的渗透系数可达$10^{-9} \sim 10^{-10}$cm/s。在二级配碾压混凝土外缘加上一层厚30~50cm的变态混凝土，切断了层间结合的渗漏通道，其抗渗性能更有提高，渗透系数可达$10^{-10} \sim 10^{-11}$cm/s。

同时，在中低坝和高坝的上部还进行了全断面三级配碾压混凝土自身防渗技术研究与应用。在红坡水库碾压混凝土拱坝施工中，通过优化混凝土配合比设计，加强层间结合处理和施工工艺控制等，实现了全断面三级配碾压混凝土自身防渗，防渗效果良好。此后在沙牌水电站碾压混凝土拱坝的上部施工中也成功采用了这一技术，三级配碾压混凝土自身防渗技术的成功应用为碾压混凝土中低坝及碾压混凝土围堰提供了有益的借鉴。

（三）碾压混凝土生产

砂石料生产采用了干法和半干法生产工艺。棉花滩、百色、蔺河口等水电站工程人工砂石料采用干法生产，有效地提高了石粉含量；索风营等水电站砂石系统采用半干法生产工艺，不仅简化了砂石料生产流程，减少了系统用水量，增加了人工砂中的石粉含量，又可改善碾压混凝土的可碾性和层间结合质量，降低了对空气的污染。

混凝土拌和楼分为：周期式拌和楼、连续式拌和楼。周期式拌和楼分为：自落式拌和楼、强制式拌和楼。连续式拌和楼分为：连续强制式拌和楼、无动力连续搅拌设备。碾压混凝土在水电工程中最初由自落式拌和楼生产，由于高效率的强制搅拌机在混凝土工程的应用，现在主要由强制式拌和楼生产碾压混凝土。随着科学技术的发展，连续强制式拌和楼也在水电工程中应用，我国自主研究开发了200m³/h连续式强制式全自动碾压混凝土搅拌设备，与高校合作进行了无动力连续搅拌设备应用研究。随着夏季高温季节施工技术发展，混凝土预冷系统进一步完善和提高，彭水、龙滩等水电站均采用了高效空气冷却器及两次风冷技术、辅以片冰机制冰、少量掺冰的预冷碾压混凝土生产工艺。

连续强制式碾压混凝土搅拌设备的研制开发。我国已经完整地设计出200m³/h连续强制式碾压混凝土搅拌设备，并成功地应用于沙牌水电站碾压混凝土拱坝和索风营水电站大坝等工程。该设备采用了模块式设计、重量法连续配料和全自动控制方式，具有土建工程量小、体积小、重量轻、安装拆除快捷方便等特点，目前国内已有相似产品逐步得到推广应用。

MY-BOX无动力搅拌系统的实施及试验研究。索风营水电站进行了MY-BOX无动力搅拌系统研究与生产试验（拌制的混凝土已应用于坝体施工，根据所取芯样试验结果显示，其各种物理力学指标均达到或超过设计值），是对传统碾压混凝土拌和生产的一个突破创新，因其结构简单、建设周期短，节能减排降耗效果显著，投资成本低，有待于进一步深入研究及推广应用。

（四）混凝土运输及入仓

碾压混凝土运输入仓设备主要采用自卸汽车、带式输送机、箱式满管、真空溜管、真空溜槽、移动式布料机、胎带机、塔带机、履带吊、门塔机、缆机等，碾压混凝土运输入仓方式普遍采用自卸汽车直接入仓或自卸汽车与箱式满管、真空溜管、带式输送机、移动式布料机等，不同运输设备根据不同需要组合入仓。

带式输送机是一种连续的运输机械，生产效率高，对碾压混凝土要求快速入仓适应性较强，高速带式输送机带宽$650 \sim 900mm$、带速$3.5 \sim 4m/s$，最大角度达$25°$，带式输送机可在立柱上爬升，适合于坝高、工程量大的工程应用。龙滩水电站大坝工程碾压混凝土施工，也采用高速带式输送机配塔式布料机的入仓方式，塔式布料机生产率最高达$350m^3/h$，最低达$150m^3/h$，平均生产率达到$250m^3/h$，日浇筑强度达2.1万m^3，月浇筑强度达32万m^2。

混凝土水平和垂直运输一体化，近年来由于塔带机（顶带机）和胎带机的引进及开发应用，将混凝土水平和垂直运输合二为一，实现了对混凝土运输传统方式的变革，带式输送机得到广泛应用，研究开发的移动式布料机和可伸缩式悬臂布料机等，已成功应用于多个工程的施工实践。

随着峡谷修建高坝技术的发展，陡坡和垂直运输设备也得到发展和应用，在大朝山和沙牌采用了$100m$级负压（真空）溜管，其中大朝山水电站左右岸各布置了两条真空溜管，其中左岸真空溜管的最大高差为$86.6m$，槽身长$120m$，真空溜管的输送能力为

220m³/h。100m级真空溜管是解决高山峡谷地区、高落差条件下碾压混凝土垂直运输的一种简单经济的有效手段，提高了碾压混凝土的施工进度，使碾压混凝土快速施工的技术特点得到了充分发挥。

箱式满管是解决高山峡谷地区碾压混凝土垂直运输的一种成熟工艺和有效手段。光照水电站大坝工程采用大口径箱式满管混凝土垂直输送技术，实现了混凝土大方量、高强度、抗分离输送。该工程进行了深槽高速皮带机+箱式满管输送混凝土系统的研究，克服了地形条件不利影响，在大坝高程622.50m以上，碾压混凝土水平运输采用深槽高速皮带机进行输送，混凝土从拌和楼卸料后经深槽高速皮带输送至箱式满管受料斗，再由箱式满管输送至仓面。采用箱式满管输送碾压混凝土的输送能力可达500m³/h，最大日浇筑强度达11161m³，最大月浇筑强度达22183lm²。供料顺畅且投资少，制作、安装、检修、拆除均较为方便，目前已在国内碾压混凝土工程中普遍推广应用。

在大花水、思林、格里桥等水电站施工中采用了一种新的碾压混凝土垂直运输方式，该技术利用真空原理，综合采用了自制水平运输胶带机与MY-BOX及真空溜筒（直接用带形成真空装置的钢管作溜筒）等按不同组合方式垂直运输碾压混凝土，成功地解决了高山峡谷地区、高落差（达120m）、陡倾角（60°~90°）条件下碾压混凝土高强度垂直运输难题，并实现了坝体连续浇筑上升34.5m。

沙陀水电站研发应用了大倾角碾压混凝土输送设备，可满足大倾角碾压混凝土输送需要。

（五）碾压混凝土施工工艺

碾压混凝土施工普遍采用了通仓薄层碾压连续上升的施工工艺。所采用的仓面平仓机、切缝机、振动碾、仓面吊及喷雾机、预埋冷却水管的材料和方法、预埋件的施工工艺等也随着碾压混凝土施工技术发展而发展。

1. 摊铺、平仓及碾压

碾压混凝土摊铺一般采用自卸汽车卸料，推土机或平仓机进行平仓摊铺。为减轻骨料分离，采用叠压式卸料和串联式摊铺法，对局部出现的骨料分离，辅以人工散料处理，取得了较好效果。

2. 薄层碾压连续上升施工工艺

多数工程采用通仓薄层碾压连续上升施工工艺，设计配置了符合碾压混凝土连续浇筑特性的连续翻升模板及下游面台阶模板，采取分块平层连续上升的方式进行大坝碾压混凝土浇筑，观音岩水电站、亭子口水电站缺口坝段碾压混凝土施工 70d 上升了 46m，索风营、大花水水电站大坝施工中分别连续上升 31m 和 34.5m，三峡水利枢纽三期工程上游围堰高 121m，仅 4 个月完成了 110 万 m^3 碾压混凝土施工，充分体现了碾压混凝土快速施工的优势。

3. 层间结合

VC 值动态控制是保障碾压混凝土可碾性和层间结合的关键，碾压混凝土的 VC 值是施工现场质量控制的重要指标之一，采用低工作度是当前的发展趋势。我国的碾压混凝土施工规范规定 VC 值在 2~12s 范围内，实际很多工程多采用低值，龙滩水电站碾压混凝土坝实际采用的 VC 值在仓面上一般为 3~5s。层间结合往往是最容易引起质量问题的关键环节，对此，许多单位进行了大量室内及现场原位抗剪断试验，采取加快浇筑速度、减少层间间隔时间、及时摊铺碾压、仓面喷雾形成小环境气候降温保湿和及时进行仓面覆盖等措施，保证层间结合质量。

4. 斜层平推铺筑法

为缩短碾压混凝土层间间隔时间，彻底解决碾压层面结合问题，江垭水电站施工中研发采用了斜层平推铺筑法。斜坡坡比为 1∶10~1∶20。这种施工方法可以在有限的拌和能力下，不受仓面面积的控制，使碾压混凝土作业得以大方量长时间地连续进行，大幅度提高全套碾压混凝土施工设备的综合效率，缩短施工工期，使生产成本降低。因斜层铺筑法的面积较小，覆盖时间较短，能防止预冷混凝土吸热太快，减少温度倒灌，若遇降雨，也可以降低雨水对新浇碾压混凝土的侵害。斜层平推铺筑法是解决高温、多雨季节施工的一种有效施工方法。

（六）新的诱导缝及横缝成缝方式，更有利于碾压混凝土的快速施工

碾压混凝土坝一般采用切缝成缝或预埋分缝板成缝。普定水电站等工程的诱导缝采用诱导板成对埋设的方式形成，存在要挖槽埋设和不好固定的问题。为克服这些问题，结合沙牌水电站碾压混凝土拱坝开展了诱导缝成缝机理研究，在沙牌水电站碾压

混凝土施工中采用了重力式的混凝土预制件型式，诱导缝预制件成对埋设，并设有重复灌浆系统。同时，沙牌水电站拱坝横缝也采用了重力式混凝土预制件，外形与诱导缝预制件稍有区别，且因横缝灌浆的需要，每一条横缝由4种不同的预制件组成。这种新的成缝形式比普定水电站等工程有了较大改进，安装更简单方便，且结构更可靠，由于构造轻巧，适合人工进行安装，已推广应用于国内招徕河水电站、大花水水电站等工程。

（七）垫层混凝土施工优化

早期大部分碾压混凝土坝垫层混凝土一般采用常态混凝土浇筑，需配置专门垂直运输设备进行常态混凝土分块跳仓浇筑，通过施工实践和研究，目前常采用碾压混凝土替代垫层常态混凝土，不仅有利于加快施工，同时也利于坝基强约束区混凝土温度控制。

（八）重复灌浆系统应用

碾压混凝土拱坝在蓄水时一般尚未达到稳定温度，为满足拱坝整体受力，需对横缝或诱导缝进行灌浆。但随着坝体温度的下降，坝体收缩有可能使已灌浆的缝面重新拉开，故需进行二次（或多次重复）灌浆。普定水电站和温泉堡水电站等碾压混凝土拱坝均采用预埋两套灌浆管路的办法来实现两次灌浆。沙牌水电站碾压混凝土拱坝施工中开展的诱导缝成缝机理、缝面构造尤其是拱坝接缝的重复灌浆技术研究有了关键性的突破，解决了碾压混凝土拱坝重复灌浆的技术难题。由于沙牌水电站大坝诱导缝采用重力式预制件成缝，其灌浆管路及排气管的埋设十分方便，采用了更为先进的单回路重复灌浆系统，实现了大坝的多次重复灌浆。单回路重复灌浆系统具有构造简单、造价低、安装容易、可实现多次重复灌浆等优点，已推广应用到其他拱坝工程。

（九）模板

模板是能否确保碾压混凝土连续上升的关键。碾压混凝土施工模板普遍采用了可上下交替上升的全悬臂钢模板型式，其上、下两块面板可脱开互换，交替上升，满足了坝体快速施工要求。同时，在部分工程坝体碾压混凝土连续上升过程中，采用连续上升式台阶模板，使溢流消能台阶一次浇筑成型。针对坝体体形复杂、曲率变化大的特点，招徕河水电站拱坝工程施工中专门研制了收缝式双向可调节连续翻升模板，为坝体快速施工创造了条件。

（十）温度控制

已建的中低碾压混凝土坝基本上依靠低温季节多浇筑混凝土（特别是基础约束部位）：夏季浇筑上部混凝土，辅助以仓面喷雾、保湿、成品料堆防晒等常规措施解决问题，一般没有进行混凝土预冷或水管冷却。一些100m级高碾压混凝土坝（如江垭水电站、大朝山水电站、棉花滩水电站）虽有一定温控指标要求，实际施工中基本上也是采取上述同样措施和夏季向上浇筑混凝土等方式。大坝上游面混凝土为防止表面裂缝，除在寒冷地区的石门子水电站、龙首水电站等大坝表面采用了永久性保温措施外，大部分工程依然靠混凝土的自身性能抗裂，个别工程在个别时段采用了临时表面保护。混凝土的侧面永久保温已由过去的挂草席、布帘改为粘贴聚乙烯保温板或覆盖PEP保温被等具有良好保温性能的化工产品。

我国在研究碾压混凝土温度应力和温度控制、温度场和温度徐变应力场有限元计算新方法方面，做了大量开创性的研究。龙滩水电站大坝工程碾压混凝土施工根据施工进度安排、坝体全年施工要求、混凝土浇筑方式、浇筑过程及混凝土性能试验的相关物理力学热学参数，对挡水坝段、溢流坝段、底孔坝段的温度场和应力场进行了相应的三维仿真计算分析，将无温控措施和考虑综合温控措施的计算结果进行了对比。综合评价各个工况大坝三维有限元仿真计算结果，针对混凝土块体所在部位与浇筑时间，确定了常态及碾压混凝土的允许浇筑温度$[T_p]$和允许内部混凝土最高温度$[T_{max}]$，为高温或次高温季节混凝土连续施工及施工温控方案优化提出建设性建议。针对坝区的复杂气候特点，提出了优化混凝土配合比、拌制预冷混凝土、控制混凝土运输及浇筑过程中的温度回升、通水冷却、表面保护养护等综合温度控制措施。在混凝土浇筑过程中，采用仓面喷雾的方法，在仓面形成人工小气候环境，起到降温保湿、减少VC值增长、降低混凝土浇筑温度，保证了高温多雨条件下碾压混凝土的施工质量和进度，取得了良好的经济效益和社会效益。

在仓面施工中，新型仓面喷雾机的研制，有利于形成仓面小气候。预冷碾压混凝土和预埋聚乙烯冷却水管初期通水冷却降温施工工艺先后在大朝山、沙牌、索风营、大花水、龙滩等水电站碾压混凝土工程施工中得到了广泛应用，促进了碾压混凝土夏季施工这一重大课题的解决；同时，斜层平推铺筑法的实施，为大仓面碾压混凝土的施工闯出了一条新路,该方法的应用,有效地缩短了碾压混凝土层间间歇时间,可改善碾压混凝土层间结合质量,有助于碾压混凝土夏季施工这一重大课题的解决。

(十一)碾压混凝土信息化管理与数字化施工

碾压混凝土信息化管理与数字化施工是施工管理技术发展新趋势,国内科研院校和有关单位结合不同的工程对象,就水电工程施工系统的不同环节、不同侧面,进行了计算机仿真模拟和施工信息化研究。沙牌水电站、龙滩水电站等开展了相应的计算机仿真、动态模拟技术和施工信息管理系统研究与应用,黄登水电站、鲁地拉水电站等碾压混凝土坝开展了碾压混凝土数字化施工技术研究与应用,并取得了初步成果。

(1)龙滩水电站进行了施工动态可视化仿真和施工信息化系统研究与应用,研制开发了碾压混凝土浇筑仓面管理系统,实现碾压混凝土浇筑仓面管理的"五化",提出了合理分仓、并仓智能优化模型,实现了坝体施工方案和施工过程的实时控制。建立了碾压混凝土施工过程动态三维可视化仿真平台,进行了龙滩水电站碾压混凝土大坝施工仿真与实时控制,实现了仿真信息输出图形化。

(2)鲁地拉水电站开发大坝数字监控软件系统,为大坝数字监控实践提供软件平台。运用大坝数字监控软件系统进行碾压混凝土坝施工期安全数字监控,为大坝施工期质量可控提供了技术支撑,改变了碾压混凝土坝施工期安全管理模式。

(3)黄登水电站有效解决建设过程中的动态质量监控,智能温度控制，施工进度动态调整与控制，施工和信息的综合集成与高效管理，远程、移动、实时、便捷的工程建设管理与控制等问题，提出了"数字黄登·大坝施工管理信息化系统"，并联合国内高校与科研单位共同研究，综合运用工程技术、计算机技术、无线网络技术、手持式数据采集技术、数据传感技术（物联网）、数据库技术等，开发出一套大坝施工质量智能控制及管理信息化系统，实现大坝混凝土从原材料生产、运输、浇筑到运行的全面质量监控，并通过系统研制、现场试验、试运行等环节，最终应用于工程实践。

二、碾压混凝土筑坝技术展望

碾压混凝土施工技术虽日趋完善，但在坝工设计、运输入仓、温控防裂、防渗技术、施工设备及机具、数字化智能施工技术等方面仍待进一步探索。

（1）当前国内高碾压混凝土坝，尽管在温度控制、防渗结构等方面已有一定开拓和发展，但碾压混凝土防渗、严寒或高温气候下的碾压混凝土施工技术等问题仍值得认真关注，逐步探索适宜中低碾压混凝土坝的简化施工温控措施。同时，在掺氧化镁施工工艺、智能通水动态控制削峰技术等方面可进一步深入研究和发展应用。

（2）研究优化混凝土强度等级分区，不少工程碾压混凝土仍采用90d设计龄期，宜根据具体情况因地制宜地研究推广采用180d设计龄期碾压混凝土。

（3）高性能碾压混凝土研究。宜加强高掺粉煤灰碾压混凝土长龄期性能研究及应用。继续研究使用微膨胀（或不收缩）低碱水泥，高掺优质粉煤灰及高效减水剂，降低用水量、水泥用量并减小水胶比，提高碾压混凝土性能。

（4）继续发展全断面碾压混凝土运输入仓及快速施工技术，依托工程实践进行高陡边坡条件下混凝土垂直运输入仓方式及新工艺、新设备的研究。

（5）进一步深入进行碾压混凝土仓面施工机械设备研制开发。如变态混凝土洒浆振捣机研制、简易切缝机和大仓面高效喷雾设备设计完善及其系列化生产、长距离带式输送机输送保温装置等研制。依托工程实践，对变态混凝土在碾压混凝土摊铺中加浆工艺、加浆设备、浆体计量装置进行研制，满足变态混凝土机械化、标准化、一体化快速施工需要。

（6）对中低水头碾压混凝土坝采用全断面三级配碾压混凝土自身防渗可进一步深入研究。同时，深化研究CSG筑坝技术，完善其配合比设计、混凝土生产及施工工艺，推广应用于中低坝和围堰工程。

（7）目前高拱坝、碾压混凝土坝和混凝土面板堆石坝已成为坝工建设的重要发展方向，而将碾压混凝土筑坝技术与工艺用于高拱坝建设也将成为一种新的发展趋势。

（8）随着信息化技术的快速发展，基于互联网+BIM技术、GIS技术的覆盖项目全生命周期的智能化、数字化施工技术将逐渐得以普遍应用和发展。

※ 第二章
碾压混凝土材料组成、结构与性能

第一节　碾压混凝土的组成材料

碾压混凝土同其他混凝土一样，也是由水泥、掺合料、砂石骨料、外加剂和水等材料所组成的，但各组分所占比例同常态混凝土有较大差别。

在碾压混凝土中，水泥和掺合料统称为胶凝材料。胶凝材料与水混合形成胶凝材料浆，它填充砂子间的空隙、包裹砂子颗粒，并与砂子一起形成砂浆。砂浆填充石子间的空隙，并把石子颗粒包裹起来。在碾压混凝土拌合物中，胶凝材料浆在砂石颗粒间起"润滑"作用，使拌合物具有施工所要求的稠度。硬化后的胶凝材料浆体将砂石骨料牢固地胶结成为一个整体，碾压混凝土中的骨料（一般不考虑其与胶凝材料浆起化学反应）构成混凝土的"骨架"，并在一定程度上改善混凝土的某些性能（如减小混凝土的体积变形、降低混凝土的温升等）。外加剂在碾压混凝土中起减水、缓凝等作用，是必不可少的组成材料之一。

为了保证碾压混凝土具有良好的技术性能并降低工程造价，必须合理地选择碾压混凝土的各种组成材料。由于碾压混凝土拌合物稠度大，属超干硬性混凝土，在施工上须采用振动碾压的方法，其有别于常态混凝土的施工方法，故在组成材料上亦应根据其特性来选取。

一、水泥

碾压混凝土对水泥品种没有特别要求。从原则上说，凡适用于配制水工，常态混凝土的水泥均可用于配制碾压混凝土。它包括硅酸盐水泥、普通硅酸盐水泥、中热硅酸盐水泥、低热矿渣硅酸盐水泥、矿渣硅酸盐水泥、粉煤灰硅酸盐水泥、火山灰硅酸盐水泥和其他品种的水泥。国内的水工碾压混凝土工程多使用32.5MPa或42.5MPa等级的硅酸盐水泥或普通硅酸盐水泥，施工现场另外掺加较大比例的掺合料，葛洲坝大江一号船闸左下导墙基础、清江隔河岩水电站围堰曾使用425号矿渣硅酸盐大坝水泥。美国陆军工程师团和美国垦务局多选用Ⅱ型硅酸盐水泥作为大坝用的水泥。巴西的萨库德纳瓦奥林达（Sacode Nova Olinda）坝采用火山灰硅酸盐水泥。法国的奥利韦特（Olivettes）坝采用矿渣硅酸盐水泥。日本则习惯使用粉煤灰硅酸盐水泥（其中粉煤灰掺量为30%），施工现场不再掺加其他掺合料。

（一）水泥的技术性质

水泥的各项技术性质，包括细度、标准稠度用水量、凝结时间、体积安定性、强度、水化热、化学成分等，均应符合国家标准的要求。

1. 细度

水泥颗粒的粗细直接影响水泥的凝结硬化及强度。水泥颗粒愈细，水化作用愈迅速充分，凝结硬化速度愈快，早期强度愈高。但如果水泥磨得过细，不仅耗能大、成本高，且易与空气中的水分和二氧化碳反应，不宜久置。同时，水泥磨得过细在硬化时收缩也较大。

水泥细度用0.080mm方孔筛的筛余量表示，也可用比表面积，即1kg水泥所具有的总表面积（m^2/kg）来表示。国家标准规定，硅酸盐水泥比表面积大于$300m^2/kg$，普通水泥、矿渣水泥、火山灰水泥、粉煤灰水泥的0.080mm方孔筛筛余不得超过10%，中热水泥、低热水泥的0.080mm方孔筛筛余不得超过12%。由于较细的水泥颗粒能更好地激发掺合料的活性，有关文献建议对于大量掺用掺合料的碾压混凝土所用水泥，0.080mm方孔筛筛余应不大于5%。

2. 标准稠度用水量

在按国家标准检验水泥的凝结时间和体积安定性时，规定用"标准稠度"的水泥净浆。水泥标准稠度用水量（也称为需水量）采用水泥标准稠度测定仪测定，以水与水泥质量的百分比表示。硅酸盐水泥的标准稠度用水量一般在24%~30%。

影响标准稠度用水量的因素有熟料成分、水泥的细度、混合材料的种类及掺量等。熟料矿物中铝酸三钙需水量最大，硅酸二钙需水量最小。水泥愈细需水量愈大，使用的混合材料如火山灰等需水量较大；若掺量大，则对应水泥标准稠度用水量增大。

水泥标准中对标准稠度用水量没有提出具体要求，但需水量的大小能在一定程度上影响混凝土的性能。拌制相同稠度的混凝土，所用水泥的需水量愈大，则加水量愈多，硬化时的收缩愈大，硬化后的强度以及密实性也愈差。因此，当其他条件相同时，水泥的标准稠度用水量愈小愈好[①]。

3. 凝结时间

水泥的凝结时间分为初凝时间和终凝时间。为使碾压混凝土有充分的时间进行拌和、运输、摊铺和碾压，水泥初凝时间不能过短；当施工完毕，又要求尽快硬化、具有强度，故终凝时间不能太长。

影响水泥凝结时间的因素很多、熟料中铝酸三钙含量高，石膏掺量不足，使水泥快凝；水泥愈细，水化速度愈快，凝结愈快；水灰比愈小，凝结时的温度愈高，凝结愈快。混合材料掺量大、水泥过粗等都会使水泥凝结缓慢。

水泥的凝结时间是以标准稠度的水泥净浆，在规定温度及湿度环境下用水泥净浆凝结时间测定仪测定的。国家标准规定，硅酸盐水泥、普通水泥、矿渣水泥、火山灰水泥、粉煤灰水泥初凝不得早于45min，中热水泥、低热水泥初凝不得早于60min；硅酸盐水泥终凝不得迟于6.5h，普通水泥、矿渣水泥、火山灰水泥、粉煤灰水泥终凝不得迟于10h，中热水泥、低热水泥终凝不得迟于12h。初凝时间不合格者为废品。

4. 体积安定性

如果水泥在凝结硬化以后产生不均匀的体积变化，即所谓体积安定性不良，就会使建筑物产生膨胀性裂缝。降低构筑物的质量，甚至引起严重事故。水泥体积安定性不良，一般是由于熟料

---

①郭玉珍.风积沙水泥混凝土技术性质探究[J].中国公路，2021（7）：112-113.

中所含的游离氧化钙、氧化镁或掺入的石膏过多引起的。游离氧化钙或氧化镁的水化速度很慢,在水泥已经硬化后才开始水化,水化引起体积膨胀,使水泥石开裂;当石膏掺量过多时,在水泥硬化后,它还会继续与固态的水化铝酸钙反应生成高硫型水化硫铝酸钙,体积约增大1.5倍,也会引起水泥石开裂。

国家标准规定,用沸煮试饼或雷氏夹法检验水泥的体积安定性。水泥净浆试饼沸煮4h后,试饼经肉眼观察未发现裂纹,用直尺检查没有弯曲,则称为体积安定性合格。雷氏夹法是测量雷氏夹指针尖端间的距离,若其增加值不大于5.0mm,则该水泥体积安定性合格。沸煮只起加速氧化钙水化的作用,所以只能检查游离氧化钙所引起的水泥体积安定性不良。对于中热和低热水泥的生产,国家标准规定了熟料中游离氧化钙的含量:中热水泥不得超过1.0%,低热水泥不得超过1.2%。对于氧化镁须采用水泥压蒸安定性试验方法进行检定,石膏的危害则需长期浸在常温水中才能发现,两者均不便于快速检验,所以国家标准规定水泥熟料中氧化镁的含量不得超过5.0%,如果水泥经压蒸安定性试验合格,则水泥中氧化镁含量允许放宽到6.0%。硅酸盐水泥、普通水泥、火山灰水泥、粉煤灰水泥、中热水泥和低热水泥中三氧化硫含量不得超过3.5%,矿渣水泥中三氧化硫含量不得超过4.0%。体积安定性不良的水泥作为废品处理。

5. 强度

水泥的强度决定于熟料的矿物成分和细度。四种主要熟料矿物的强度各不相同,因此,它们的相对含量改变时,水泥的强度及其增长率也随之改变。

水泥强度分抗压强度和抗折强度等。水泥强度值高低除决定于上述因素外，还直接受加水量多少（或水灰比）、砂子的颗粒组成及用量、试件的制备（包括搅拌及捣实方式）、养护的温度及湿度、强度的测定方法和试验龄期等的影响。因此，必须规定具体的实验方法使检验结果具有可比性。

6. 水化热

水泥的水化是放热反应。水化放热量和放热速度不仅取决于水泥的矿物成分，还与水泥细度、水泥中所掺混合材料以及外加剂的品种、数量等有关。水泥熟料矿物中，铝酸三钙的水化热最大，放热速度也最快；硅酸三钙水化热稍小，硅酸二钙水化热最小，放热速度也慢。水泥愈细，水化反应速度愈快，水化热释放速率也愈大。

国家标准规定，中热水泥425号和525号的3d水化热不得超过251kJ/kg，7d水化热不得超过293kJ/kg；低热矿渣水泥325号的3d水化热不得超过188kJ/kg，7d水化热不得超过230kJ/kg；低热矿渣水泥425号的3d水化热不得超过197kJ/kg，7d水化热不得超过230kJ/kg。

在大型基础、大型构筑物、大坝等大体积混凝土中，由于水化热积聚在内部不易发散，内部温度常升至50~60℃以上，内外温差很大，产生不均匀的内应力，使混凝土表面产生裂缝；当混凝土体冷却后收缩受到约束时，就产生贯穿性裂缝。碾压混凝土多用于大体积构筑物，故胶凝材料的水化热是一项重要的性能。通常情况下，低热水泥的早期强度及强度增长率虽较硅酸盐水泥低，但90d龄期后，其强度却超过硅酸盐水泥。硅酸盐水泥和普通硅酸盐水泥都具有水化速度快、水化热高的特点，因而在满足碾压混凝土各项技术指标的前提下，应尽可能降低水泥用量，同时掺加适量掺合料，这样做一方面能够降低水化热温升、减慢碾压混凝土早期发热速度、延长发热过程、减少混凝土温度裂缝，另一方面还可以节约资金。

7. 不溶物

国家标准规定，Ⅰ型硅酸盐水泥中不溶物不得超过0.75%，Ⅱ型硅酸盐水泥中不溶物不得超过1.5%。

8. 烧失量

国家标准规定，Ⅰ型硅酸盐水泥中烧失量不得大于3.0%，Ⅱ型硅酸盐水泥中烧失量不得大于3.5%，普通水泥中烧失量不得大于5.0%。

9. 碱

国家标准规定，水泥中碱含量按$Na_2O+0.658K_2O$计算值来表示，若使用活性骨料需要限制水泥中碱含量时，由供需双方商定。一般地，硅酸盐水泥、普通水泥、矿渣水泥、火山灰水泥、粉煤灰水泥和中热水泥熟料中的碱含量不得超过0.6%，低热矿渣水泥熟料中的碱含量不得超过1.0%。

水工碾压混凝土所用水泥，可根据具体情况对水泥的矿物成分、含碱量等提出专门要求，固定厂家生产，并优先采用散装水泥。每批水泥必须有出厂检验报告，运到工地后进行复检，必要时还应进行化学分析。水泥必须按不同品种、强度等级及出厂编号分别运输和存放，且运输及存放场地应有防雨及防潮设施。存放期超过三个月的水泥，使用前必须进行复检，并按复检结果使用，严禁使用结块的水泥。

（二）碾压混凝土中水泥的选取

碾压混凝土中水泥品种和强度等级（旧称标号）的选择取决于构筑物的体积、性能以及暴露条件，而与混凝土的浇筑和振实方式无关。具体应依据以下两个方面进行选择：一是结构物设计的强度要求和设计龄期；二是碾压混凝土所处工程部位的运行条件（如抗冲磨、抗冻融等），以及抑制某些有害物质反应的特殊要求（如碱—骨料反应、环境水中有害物质的侵蚀等）。例如，美国的下查斯溪（Lower Chase Creek）坝，因为有受酸性水作用的可能，所以选用了抗硫酸盐水泥。

根据工程的重要程度以及碾压混凝土所处的工程部位，大体积重要建筑物的内部碾压混凝土宜使用强度等级不低于32.5MPa等级的中热水泥、低热水泥或硅酸盐水泥和普通硅酸盐水泥并掺适量掺合料；用于一般建筑物及临时建筑物内部的设计要求强度较低的碾压混凝土，可使用掺有混合材料的32.5MPa等级水泥，但在工地掺加掺合料时应考虑水泥中已掺有的混合材料品质与数量。根据施工现场的实际条件。在有条件现场掺用掺合料的情况下，应优先选用硅酸盐水泥或普通硅酸盐水泥；当无条件现场掺用掺合料时，可选用中热硅酸盐水泥、低热硅酸盐水泥以及各种掺有混合材料的硅酸盐水泥。大坝等主体工程所用水泥的品种和标号以一两种为主,并且最好能由固定厂家供应,以保证碾压混凝土质量的稳定性。

碾压混凝土,筑坝技术由低坝向高坝、由重力坝向拱坝的发展对碾压混凝土本身的抗裂性能提出了更高的要求。与之相适应的原材料的选择上要求提高水泥的韧性,降低其脆性。研究表明,除尽量提高水泥中 C_2S 和 C_4AF 的含量,降低 C_3S 和 C_3A 的含量外,还可掺用低碱性钢渣等混合材料,利用其耐磨、微膨胀、高 C_2S 的特性,进一步降低水泥的脆性系数,提高水泥的抗裂性能。

二、掺合料

掺合料是指在施工现场掺入混凝土中的矿物质材料,混合料是指水泥出厂时已掺入水泥中的活性和非活性矿物质材料。为了降低大体积混凝土的温升,可以在混凝土中设置冷却水管。但考虑到碾压混凝土施工的快速和连续性,一般不采取这种办法,而是尽可能地降低每立方米混凝土中水泥的用量。然而,为了满足施工对于拌合物工作度及坝体结构设计而对混凝土提出技术性能要求,水泥用量又不能过少。掺合料就成了碾压混凝土不可缺少的组成材料。掺合料磨成细粉,与石灰或石灰和石膏拌和在一起并加水后,在常温下,生成具有水硬性胶凝水化物的能力,称为活性。根据活性的不同,掺合料可分为活性掺合料和非活性掺合料两大类。

碾压混凝土中的掺合料应优先选用活性掺合料,如粉煤灰、火山灰质材料、粒化高炉矿渣等。经过实验论证,也可以采用非活性掺合料。这些掺合料经收集或加工,其细度与水泥的细度属于同一数量级,掺入混凝土中,可以代替部分水泥包裹骨料表面及填充骨料间的空隙,弥补了碾压混凝土中由于水泥用量减少而造成的灰浆量不足。此外,活性掺合料中含有大量的活性SiO_2和活性Al_2O_3,虽然这些活性物质本身的水化反应极慢,但它能与水泥的水化产物$Ca(OH)_2$发生二次水化反应,生成具有胶结性能的稳定的水化产物,从而对改善混凝土的技术性能起到重要的作用。由于掺合料的水化热远远低于水泥,故掺用掺合料的碾压混凝土绝热温升低,同时具有后期强度增长率大、长龄期强度高,抗渗性能和抗变形性能等随龄期的延长明显增长等特点。

(一) 粉煤灰

粉煤灰是火力发电厂的工业废渣,是从煤粉炉烟道气体中收集的粉末,国外称之为"飞灰"或"磨细燃料灰"。

近年来,国内外碾压混凝土已普遍采用大掺量粉煤灰。工程实践证明,粉煤灰是一种良好的活性掺合料,其掺量提高对碾压混凝土筑坝有利。因为碾压混凝土中掺入粉煤灰可以适当减少混凝土的拌和用水量,增强混凝土拌合物的抗分离性,提高混凝土的抗侵蚀能力及后期强度。对灰浆量较少的碾压混凝土来说,掺加粉煤灰还可以代替部分水泥包裹骨料表面及填充骨料的空隙,提高碾压混凝土的密实度,减少混凝土出现裂缝的可能性,提高其抗渗性。一般细骨料的空隙率为35%~40%,这些空隙若不能被灰浆所填满,则混凝土密实度降低,碾压层之间的黏结力减弱。国内已施工的碾压混凝土坝的粉煤灰掺量一般在50%~70%间,广西岩滩水电站上游围堰上部的粉煤灰掺量高达77%。美国和英国认为碾压混凝土中粉煤灰掺量可达60%~80%。日本则多采用30%。

研究表明，碾压混凝土中的粉煤灰存在合理掺量，该掺量与粉煤灰的质量、混凝土强度及设计龄期、水泥品种、粉煤灰与水泥的价格比等因素有关。根据我国的情况，对90天或180天设计龄期强度为10～15MPa的碾压混凝土，当使用硅酸盐水泥及价格低于水泥且质量等级在Ⅱ级以上的粉煤灰时，合理掺量为55%～65%；若用优质粉煤灰和硅酸盐水泥，则允许掺量增大。若使用硅酸盐水泥，对于质量等级为Ⅰ级、Ⅱ级、Ⅲ级的粉煤灰，允许掺量分别为75%～80%、70%和65%；若使用普通水泥，则粉煤灰最大允许掺量为60%；若使用矿渣水泥，则为30%。这些取值仍留有一定余地，具体工程的粉煤灰掺量应根据原材料的品质和设计要求并通过实验论证来确定。

由于各电厂燃煤质量不同，煤粉细度也不同，各种锅炉燃烧温度有很大差别（高者可达1500～1700℃，低者仅1100℃左右），煤粉升温速率、燃烧充分程度、灰分冷却条件也不同，即使是在同一台锅炉中也会由于锅炉温度场中温度分布不均匀，使煤粉从进入锅炉到收集出来所经历的热过程不一致，这就造成了粉煤灰颗粒形貌的不同。同时煤质的不同，也对粉煤灰性质产生不同的影响。不同电厂的粉煤灰化学成分和矿物组成也千差万别，这些不同的形态、化学成分和矿物组成将影响粉煤灰的使用效果。

1. 粉煤灰的物理特性

（1）颗粒形态。粉煤灰是由多种颗粒机械混合的粒群，借助光学显微镜、扫描电子显微镜，可以清晰地观察到粉煤灰的各种颗粒形貌。从形貌上，可以将粉煤灰中的颗粒粗略地分为珠状颗粒、渣状颗粒、钝角颗粒、碎屑颗粒和黏聚颗粒五类。

珠状粉煤灰颗粒呈圆球形，表面一般比较光滑。它是粉煤灰颗粒处于锅炉高温区时间较长而形成的熔融体，或是由于粉煤灰颗粒中含有较多低熔点的物质，在不太高的燃烧温度下变成了熔融体。这些液态颗粒在迅速冷却过程中，由于表面张力的作用，形成了珠状颗粒。根据内部的密实状态及表观密度的大小，珠状颗粒又可分为漂珠、空心沉珠、复珠和密实沉珠四种。漂珠是薄壁的空心玻璃微珠，有的壳壁上还有极小的针孔状洞穴。漂珠的粒径在珠状颗粒中是比较粗的，直径为 $30\sim100\,\mu m$，而壁厚只有直径的 $5\%\sim8\%$，一般为 $0.2\sim2\,\mu m$，能浮在水面上。漂珠的化学成分中 SiO_2 的含量较高，占 $55\%\sim61\%$，颗粒表观密度为 $0.4\sim0.8g/cm^3$。一般电厂粉煤灰中漂珠含量不多，占 $0.5\%\sim1.5\%$。漂珠壁薄易碎，所以往往在粉煤灰样品中发现一些漂珠碎片。通常所说的"空心微珠"，主要就是指漂珠。空心沉珠为厚壁空心玻璃微珠，粒径为 $0.5\,\mu m$，珠壁密实无孔，厚度约占直径的 30%，颗粒表观密度接近 $2.0g/cm^3$，不能漂浮，强度很高。在一些较粗的薄壁微珠中，黏集了大量细小的玻璃微珠，通过扫描电镜可观察到内部鱼卵状的细珠，称为复珠或子母珠。此外，还有一些粘连的畸形微珠和痘疱状微珠，也可包括在复珠之列，这些都可称为"珠联体"。较多电厂的粉煤灰微珠中，主要是密实的玻璃沉珠，其表面光洁，但也有一些微珠的表面在扫描电镜下可观察到附有石英或莫来石微晶，还有的附着硫酸盐微粒。密实沉珠主要是铝硅酸盐玻璃体的实心微珠，表观密度 $2.8g/cm^3$ 左右，粒径大都在 $45\,\mu m$ 以下，多数为 $1\sim3\,\mu m$。除多数微粒是分散体以外，也有少数粘连在一起的珠联体，玻璃中含CaO较多的，呈乳白色，称为富钙微珠。另有一小部分含氧化铁（Fe_2O_3、Fe_3O_4）较高的（含量可达50%），表面光滑程度较差，颜色较深，称为富铁微珠，其表观密度大于$3.4g/cm^3$，颗粒较大，往往混杂于粗灰之中。

国产粉煤灰中常有相当数量的形状不规则、结构疏松的海绵状多孔玻璃颗粒，粒径较粗，但也有较细的碎屑。海绵状玻璃体的生成通常是因燃烧温度欠高，或在火焰中停留时间过短，或因灰分熔点较高，以致这些灰渣没有达到完全熔融的程度。由于燃烧过程中颗粒内部部分气体的逸出，使颗粒表面形成蜂窝状结构，部分没有逸出的气体使这些颗粒内部形成多孔结构，国外称之为"火山灰渣"。这类颗粒具有开放性和封闭性的孔穴，表面常黏附有很多细小的球状玻璃微珠。某些电厂的粉煤灰的烧剩碳粒接近珠状，称为碳珠。碳珠呈疏松多孔结构容易碾碎，孔腔吸水性高，粒径偏粗，$45\mu m$以上的颗粒比例较高。

粉煤灰中还含有数量不多的钝角颗粒，其中有些是未熔融或部分熔融的颗粒，大部分是石英颗粒。

颗粒碎屑也或多或少地存在于粉煤灰中，也就是通称的"尾粉"，粒径一般小于$30\mu m$。黏聚颗粒主要是各种颗粒的黏聚体，在粉煤灰中也有一定数量，一般容易碾散。

（2）表观密度、堆积密度（旧称松散容重）和紧密密度（旧称压实容重）。粉煤灰的表观密度是各种混合颗粒的平均表观密度，如果密实颗粒含量较多时表观密度就偏高，空心、多孔的颗粒增多时表观密度就偏低。低钙粉煤灰的表观密度一般为

$1.8\sim2.6g/cm^3$。但根据国内电厂粉煤灰实测值统计，表观密度小于$2g/cm^3$的粉煤灰约占40%，最低值为$1.44g/cm^3$。高钙粉煤灰表观密度较高，可达$2.5\sim2.8g/cm^3$。只有少数国家的粉煤灰标准规范对表观密度值做出了规定，如英国ABC 81/841规定粉煤灰的表观密度应不小于$2\,000kg/m^3$。表观密度指标可用来判断粉煤灰的均匀性，对粉煤灰的质量评定和生产控制具有一定的实用意义，如果表观密度发生变化，则表明质量也发生了变化，应引起注意。如美国ASTMC 618标准规范中虽然对粉煤灰的表观密度不做规定，但是对表观密度的变化却提出了要求，即10个粉煤灰试样的表观密度试验结果，不得超过平均值的5%，否则均匀性就算不合格。表观密度值也是对粉煤灰的细度和烧失量的一种间接的考察，对碾压混凝土配合比设计而言，表观密度也是必须测定的重要的技术参数。

低钙粉煤灰堆积密度的变化范围为$600\sim1\,000kg/m^3$，紧密密度为$1\,000\sim1\,400kg/m^3$，高钙粉煤灰堆积密度达$800\sim1\,200kg/m^3$，紧密密度为$1\,300\sim1\,600kg/m^3$。随着含水量的增加，湿粉煤灰的紧密密度有所增加，在最佳含水量时达到最大的紧密密度，含水量超过此值，紧密密度又趋下降。低钙粉煤灰的最佳含水量范围为15%~35%，最大紧密密度可达$1\,700kg/m^3$。

（3）细度。粉煤灰细度是影响混凝土性能的重要指标。根据粉煤灰不同颗粒形貌的粒径范围可知，粉煤灰颗粒愈细，珠状颗粒所占比例愈大，渣状颗粒愈少，活性愈高，最终反应也愈充分。用细颗粒灰样与粗颗粒灰样在同等条件下进行对比试验，前者消耗的氢氧化钙和石膏的量较后者多，水化产物明显增加，结合水也较多。粉煤灰的细度与收尘方式有很大关系，用静电收尘器收集的粉煤灰由于收尘效率高，把细小的颗粒大部分收集下来，所收集的粉煤灰质量好。而以机械收尘器收集的粉煤灰由于收尘效率低，粉煤灰中细小的颗粒大部分从烟囱跑掉，收集下来的粉煤灰颗粒较粗，含碳量高，质量差。

不少学者研究了粉煤灰细度对其品质的影响。瓦特（Watt）等认为，提高粉煤灰的细度可以使制品强度增长变快。布林克（Brink）、霍尔斯特德（Halsted）等认为，粉煤灰中5~30μm的颗粒活性最高。国内外大量实验证实，粉煤灰中大于45μm的颗粒愈多，需水量愈大。多数国家规定以45μm筛筛余百分数作为粉煤灰的细度指标。我国GBJ146—1990规定，采用气流筛测定粉煤灰的45μm筛筛余量，Ⅰ级灰不大于12%，Ⅱ级灰不大于20%，Ⅲ级灰不大于45%。对于坝体内部和垫层碾压混凝土，所用粉煤灰细度可以适当放宽。

同水泥类似，粉煤灰细度亦可用比表面积衡量。比表面积可用透气法测定，它是根据一定量的空气，通过一定空隙和固定厚度的粉煤灰所受阻力不同而引起的流速变化来计算比表面积的。国内电厂粉煤灰比表面积的变化范围为80~550m^2/kg，大多数为160~350m^2/kg。粉煤灰愈细，其比表面积愈大，可供水化反应的空间也愈大。由于粉煤灰中有许多粗糙、多孔颗粒及颗粒黏聚体，特别是当粉煤灰的含碳量较高时，不可避免地将很大一部分内表面积计入在内。应将粉煤灰的比表面积与其相应的颗粒形貌结合起来考虑，才能较准确地反映其细度。粒径在90μm以上的粉煤灰，含碳量较多，这时用透气法测粉煤灰的比表面积误差较大，故透气法只适用于含碳量不超过5%的粉煤灰的比表面积的测定。需要指出的是，比表面积的测定方法除透气法外，还有勃氏法、氮吸附法等，用不同方法测得的比表面积差别很大。对粉煤灰比表面积的测定结果，应注明试验方法。

（4）颗粒级配。颗料级配反映粉煤灰粗细颗粒的搭配情况。用多级筛分或沉降法可以得到粉煤灰的粒径分布状况。多级筛分常用于每平方厘米900孔、4 900孔、15 600孔的套筛进行筛分。沉降法是根据密度相同而粒径不同的颗粒在一定介质中的沉降速度不同的原理，通过沉降天平测定一定时间内落入天平中的颗粒质量而获得粒径分布的。

（5）标准稠度用水量和需水量比。粉煤灰的标准稠度用水量是衡量粉煤灰达到标准稠度浆体时所需的拌和水量，可按水泥标准稠度用水量的测定方法进行测定。原状粉煤灰的标准稠度用水量大多在0.25~0.7范围内波动。一般情况下，当粉煤灰中珠状颗粒含量较多、渣状颗粒含量较少时，粉煤灰较细，表观密度较高；相反，当粉煤灰中渣状颗粒含量较多，尤其是含碳量较高时，粉煤灰较粗，表观密度较小，密实度较低，需水量较大。实验证明，需水量小的粉煤灰含有较多的表面光滑球状玻璃微珠，通过电子显微镜观察，需水量小于0.4的粉煤灰，其珠状颗粒大多占80%以上；需水量在0.4~0.5的粉煤灰，珠状颗粒占60%~70%；需水量在0.55~0.7的粉煤灰，珠状颗粒占40%~60%；需水量大于0.7的粉煤灰，珠状颗粒含量在40%以下。

衡量粉煤灰需水量的另一个指标是需水量比。它用粉煤灰等质量取代30%的水泥制成水泥粉煤灰胶砂，以水泥粉煤灰胶砂和标准水泥胶砂在跳桌流动度相同时两种胶砂需水量的比值表示。

我国GB J 146—1990规定，Ⅰ级、Ⅱ级、Ⅲ级粉煤灰的需水量比分别不大于95%、105%和115%。

当粉煤灰需水量比较大时，为使混凝土达到相同的工作度，必须增加拌和用水量，因而使混凝土的强度下降，其他性能恶化。需水量比较小的粉煤灰掺入混凝土后有减水作用，不仅可以增进混凝土的强度发展，同时可提高混凝土的抗渗性及耐久性。

（6）强度比。强度比是指粉煤灰等质量取代30%水泥的胶砂试件在标准养护条件下，其强度与石英胶砂基准试件强度的比值。它是反映粉煤灰与水泥水化产物Ca（OH）$_2$进行二次水化时对强度贡献大小的一个指标。一般粉煤灰本身并无胶结性能，但在常温条件下当有水存在时，粉煤灰能与石灰起化学反应而生成具有胶结性能的水化产物（主要是水化硅酸钙凝胶）。强度比高的粉煤灰，从一个侧面反映其质量较好。我国GB 1596—1991中规定，对水泥生产中用作混合材料的Ⅰ级，Ⅱ级粉煤灰应分别满足28d抗压强度比不小于75%和62%的要求，对用作混凝土掺合料的粉煤灰则不做规定，认为粉煤灰对混凝土强度的影响应通过混凝土的强度试验来反映。

2. 粉煤灰的化学成分及矿物组成

粉煤灰的化学成分随煤种和燃烧条件的不同而有较大的差别，燃煤中不燃物质的种类及含量差别是粉煤灰化学成分波动的主要原因。一般说来，粉煤灰的主要化学成分是SiO_2、Al_2O_3、Fe_2O_3和CaO，其中尤以SiO_2和Al_2O_3的含量居多，二者总含量一般在60%以上。这四种主要化学成分也是构成水泥的主要化学成分。

化学成分上的差异，造成了粉煤灰化学活性的不同。粉煤灰的活性取决于活性SiO_2和Al_2O_3的含量。而CaO对粉煤灰的活性极为有利，某些CaO含量较高的粉煤灰在加水后甚至能单独自行硬化。根据粉煤灰中有效氧化钙（不包括结晶化合物中的CaO）的含量，可将粉煤灰分为低钙灰（CaO含量在10%以下）和高钙灰（CaO含量在10%以上）。目前，世界上的碾压混凝土坝中掺低钙灰的占67.9%，掺高钙灰的占5.7%。粉煤灰中的Fe_2O_3有溶剂作用，能促使玻璃体形成，提高活性。粉煤灰中的有效碱（以Na_2O计）含量适当，可促进粉煤灰与$Ca(OH)_2$的反应，有效碱的含量过多，则可能对安定性不利。因此有些规范限制有效碱含量不大于1.5%。不过一般低钙粉煤灰中有效碱含量总要比这个限值低得多。粉煤灰内的SO_3主要集中在粉煤灰颗粒的表层，粉煤灰加入混凝土后，其SO_3能较快地析出，并参与二次水化反应生成水化硫铝酸钙，后者对混凝土早期强度的发展有重要的促进作用，但若含量过多，当混凝土凝结硬化之后，会造成体积安定性不良。

粉煤灰的矿物组成主要是铝硅玻璃体，还有少量的石英（a-SiO_2）和莫来石（$3Al_2O_3 \cdot 2SiO_2$）等结晶矿物以及未燃尽的碳粒。铝硅玻璃体的含量一般在70%以上，是粉煤灰具有活性的主要矿物组成部分。可以认为，在其他条件相同时，玻璃体含量愈多则活性愈高。粉煤灰中未燃尽的碳是惰性组分，碳颗粒粗大、多孔。含碳量大的粉煤灰掺入水泥后，使需水量增大，混凝土强度降低。此外，未燃尽的碳遇水后，在粉煤灰颗粒表面形成一层憎水性的薄膜，阻碍水分向粉煤灰颗粒内部渗透，从而影响 $Ca(OH)_2$ 与活性氧化物的作用，降低了粉煤灰的活性。混凝土中的碳在空气中不断氧化并吸收水分，使体积膨胀，造成混凝土体积变化及大气稳定性降低。碳是粉煤灰中的有害成分，粉煤灰中未燃尽的碳的含量可用烧失量来反应。烧失量是粉煤灰品质的重要指标之一，可用来甄别粉煤灰燃烧的完全程度。通常情况下，烧失量不大于3%的为良好燃烧过的粉煤灰，烧失量为3%~6%的为燃烧不够充分的粉煤灰，烧失量大于6%的为燃烧很差的粉煤灰。我国GB 1596—1991规定，Ⅰ级、Ⅱ级、Ⅲ级粉煤灰的烧失量分别不大于5%、8%和15%。

3. 粉煤灰的结构特性

粉煤灰的活性主要来源于粉煤灰中的玻璃体，它决定了粉煤灰的水化和凝结硬化性能。粉煤灰玻璃体的结构特性，可以借助玻璃体的结构特性加以描述。

根据无规则网络学说，玻璃体的结构状态可用三维网络空间构造来解释：网络中的一个氧离子最多同两个形成网络的正离子（如硅离子）连接，正离子的配位数是3~4，正离子处在氧多面体——四面体或三角体的中央。这些多面体通过氧桥搭成向三度空间发展的无规则连续网络。

这个网络从大的范围来看是无规则的，但从小的范围来看则是规则排列的，这就是所谓远程无序、近程有序的结构。在粉煤灰中通常还存在相当数量的铝离子，它们也有可能替代硅离子而形成铝氧四面体。由于这种金属离子键比硅氧四面体的非桥型氧键弱 20% 左右，故铝酸根往往具有比硅酸根更高的活性。铝离子的配位数有 4 和 6 两种，当配位数为 4 时，在一定程度上满足形成网络的条件，组成了铝氧网络结构；当配位数为 6 时，不参与网络结构。在粉煤灰玻璃体结构中，SiO_2 和 Al_2O_3 是网络形成体，是构成网络的基本结构单元，而 Na_2O、K_2O、CaO、MgO 等氧化物本身不能构成网络形成体，只能作为网络的调整物参与 Si—O 和 Al—O 网络结构。其中的正离子（如 Ca^{2+} 和 Mg^{2+}）嵌布在网络的空隙里，以离子键与有自由顶点的 Si—O 和 Al—O 四面体结合。因此，粉煤灰玻璃体的网络结构主要是由 Si—O 和 Al—O 四面体组成的。

在粉煤灰的熔融阶段，由于温度较高，质点产生剧烈的热运动，使Si—O和Al—O四面体不可能聚合成很长的链而结成完整的空间骨架，只能形成较短的链。这些链上有很多的断裂点，相当于形成了具有自由顶点的末端四面体，无论Si—O四面体还是Al—O四面体，都有这种末端四面体存在。这种具有自由顶点的末端四面体很不稳定，具有较高的潜在活性，人们习惯上把上面提到的具有某些活性的氧化硅和氧化铝分别称为"活性氧化硅"和"活性氧化铝"。它们是在粉煤灰综合利用中最先发挥作用的成分，玻璃体中硅氧、铝氧骨架的大量发展会降低活性。同时，在熔融状态时，因热运动使长链断裂的过程也是可逆的，在冷却时断裂处有重新闭合的可能：骤冷使断裂来不及闭合，而慢冷会使已断裂的链重新闭合。粉煤灰的冷却过程无论用旋风吸尘还是电吸尘，都不可能像粒化高炉矿渣那样水淬冷却。即使用水膜除尘，灰分颗粒往往已经过了相当长的缓冷过程，很多长链已经形成，再用水冲并不能起到水淬的骤冷效果，反而溶解了玻璃体颗粒表面的可溶性组分。

粉煤灰玻璃体的活性远不如粒化高炉矿渣玻璃体的活性高，湿排粉煤灰不如干排粉煤灰的活性高，这些都与Si—O四面体、Al—O四面体链的聚合程度及其结构有很大的关系。通过红外光谱分析可知，富钙玻璃体是由聚合度较低的硅氧玻璃体组成，而多孔玻璃体则由聚合度较高的硅氧玻璃体组成。

4. 粉煤灰效应

粉煤灰颗粒结构致密、内比表面积小，对水的吸附能力也小。故一般低钙粉煤灰与水拌和后在常温常压下不能水化、凝结与硬化，不呈水硬活性。只有某些高钙粉煤灰加水后能够在常温常压下逐步水化、凝结、硬化，并具有一定的强度。但大量研究表明，粉煤灰具有的潜在活性，在一定的激发条件下才能显示出来。其实，掺入混凝土中的粉煤灰对混凝土性能所发挥的效用不仅仅是潜在活性的显示，更是多方面效能的综合，其中包括对混凝土的减水作用、致密作用以及一定的均质化作用，粉煤灰的活性成分所产生的化学效应以及粉煤灰颗粒在水泥浆体中发挥其细而分散的微集料的物理和化学作用。以上各方面效能的综合称为粉煤灰效应，它包括形态效应、活性效应和微集料效应。

粉煤灰的形态效应是指掺入混凝土中的粉煤灰由于特有的颗粒形态和适宜的级配，使混凝土拌合物的工作性能和混凝土的初始结构得到改善。粉煤灰的掺入使浆体中水泥颗粒均匀分散，增大了水泥水化空间和水化产物的生成场所，从而促进初期水泥的水化反应。这种"解絮"作用以及粉煤灰分布于浆体中的颗粒物理效应,使硬化混凝土的初始结构得到改善。粉煤灰的形态效应直接影响新拌混凝土的流变性质和硬化中混凝土的初始结构,因而它对奠定混凝土的结构和性质具有重要的意义。当粉煤灰中所含珠状、密实颗粒较多,粗细颗粒搭配较好时,混凝土拌合物的流变性能和硬化中的结构得到改善,即形态效应发挥较充分。

粉煤灰的活性效应是指掺入混凝土中的粉煤灰的活性成分所发生的化学效应,能起到改善硬化混凝土结构和性能的作用。粉煤灰属于火山灰质材料之一,它所含的活性氧化物(如活性SiO_2和活性Al_2O_3)与水泥水化产物$Ca(OH)_2$和部分硫酸钙起反应,生成稳定的不溶解的具有一定胶结性能的化合物,该反应称为火山灰反应。低钙粉煤灰的活性效应主要是火山灰反应,高钙粉煤灰的活性效应还包括一些属于结晶矿物的水化反应。玻璃体颗粒表面的稳定性、致密性和不易水化的特性导致了粉煤灰的初期水化反应进行缓慢,从电子显微镜的观察发现,在水泥水化7d后,掺入水泥中的粉煤灰颗粒表面几乎没有什么变化;28d时,刚刚显示表征开始,初步水化的凝胶状水化产物出现;此后反应速度加快,90d以后,粉煤灰颗粒表面上开始出现大量相互交叉连接的水化硅酸钙纤维状晶体。通过对粉煤灰水泥浆中$Ca(OH)_2$含量的分析可知,水化3d后$Ca(OH)_2$含量达到最大值,在3~28d大致保持恒定,28d以后迅速下降。这间接说明了粉煤灰的火山灰反应在初期进行得非常缓慢,而28d后反应加速。

粉煤灰在水化过程中按其水化产物可分成三个区域:未水化的玻璃体核心、内部水化凝胶层及外部水化产物层。有研究者通过对常温下粉煤灰水泥浆体的观察分析认为，在水化3d的粉煤灰中有大量具有裸露光滑表面的未水化粉煤灰球，某些粉煤灰颗粒周围有很细很短（$0.1 \sim 0.2 \mu m$）的纤维状水化产物，但数量很少，只有极少数粉煤灰颗粒周围有较长（约$1 \mu m$）的纤维，颗粒之间有较大的空隙；水化8d后，粉煤灰颗粒周围有极少量纤维状Ⅰ型C—S—H凝胶，最长的纤维达$1 \sim 2 \mu m$，大量的粉煤灰颗粒仍未发生反应，大量的$Ca(OH)_2$晶体仍在继续生长；在28d左右，粉煤灰颗粒周围的Ⅰ型C—S—H凝胶有所增加，但$Ca(OH)_2$的量并无明显降低。粉煤灰水化量有所增加但总量不大，水化产物的结构主要是Ⅰ型C—S—H凝胶；随着龄期的增长，水化产物C—S—H凝胶体增加较快，比较密实的Ⅲ型C—S—H凝胶代替了Ⅰ型C—S—H凝胶而成为主要相，$Ca(OH)_2$晶体的堆聚被不断生成的胶体所割裂而分成细小的晶体，分散沉积于新生成的胶体之中。综上所述，掺用粉煤灰的混凝土在28d龄期以前，粉煤灰几乎未发挥其活性效应，火山灰反应只有到混凝土的硬化后期才能较明显地显示出来。对于碾压混凝土物理力学性能的评价以28d龄期为准是不恰当的。从已建成各项工程的实践来看，至少应以90d龄期为准。需要指出的是，在常温常压下掺入少量石膏能加速粉煤灰与$Ca(OH)_2$的反应。3d龄期时，掺入2%~4%二水石膏的粉煤灰、水泥浆体中粉煤灰已有相当数量的纤维状C—S—H胶体，而不加石膏的浆体中的粉煤灰几乎没有发生任何化学反应；8d龄期时，掺有2%~4%二水石膏的浆体中能见到一定数量的粒状C—S—H胶体，与同龄期的不掺者比较，浆体中毛细孔减少，掺适量的石膏，可以加速粉煤灰与$Ca(OH)_2$的水化作用。

5. 粉煤灰效应的评价方法

评价粉煤灰效应的方法有多种，各有优劣，完善的方法还有待于进一步研究。目前常用的方法有需水量比法、强度比法、石灰吸收法、溶出度法、导电率法等。

（1）需水量比法。需水量比法是以相同扩散度的水泥粉煤灰胶砂和水泥胶砂所需水量的比值表示的方法。该方法的试验结果在一定程度上反映粉煤灰在拌合物中所起的润滑作用，从一个侧面反映粉煤灰的形态效应。粉煤灰的需水量比愈小，在一定程度上反映其质量愈好。

（2）强度比法。强度比法是用水泥粉煤灰胶砂强度与水泥石英粉胶砂强度之比来评价粉煤灰效应的方法。在一定条件下，强度比反映了粉煤灰的火山灰活性。该法比较直观，受到国内外的普遍重视。但应该指出，强度是结构的属性，它反映的仅仅是硬化胶凝材料浆体的结构和性能，并不能全面反映原材料（粉煤灰）的结构和性能，严格地说，用强度比来反映粉煤灰本身的活性是不够确切的，但此法大体评价不同粉煤灰活性上的差异还是恰当的，因此得到了广泛的应用。

（3）石灰吸收法（维卡法）。这种方法最早用于火山灰的品质鉴定。该法测定的是一定时间内粉煤灰在石灰溶液中所吸收石灰的量，以此来反映粉煤灰火山灰效应的大小和反应速率。常用1g重的代表试样在石灰饱和溶液中经30d吸收的CaO量（mg）来表示，必要时也可用4d的吸收值来比较。该法能较迅速、定性地判断粉煤灰中活性成分和惰性成分的量，但还不能充分合理地反映粉煤灰的活性效应。石灰吸收值是粉煤灰对石灰物理吸附和化学吸附的总和，而物理吸附与粉煤灰的内表面积密切相关，化学吸附与粉煤灰颗粒表面SiO_2和Al_2O_3的形态及结构状况有关。石灰吸收值还与粉煤灰中的CaO含量有关，密实度高、内比表面积小的粉煤灰颗粒（如富钙玻璃体）的物理吸附值低，但活性并不一定低；高钙粉煤灰对石灰的化学吸附值并不一定比低钙粉煤灰高，但其活性效应却相对较高。这些都说明石灰吸收法并不能真实地反映粉煤灰的活性。

（4）溶出度法。以粉煤灰中可溶物含量表征粉煤灰活性的方法称为溶出度法。该法是将粉煤灰置于酸或碱溶液中，或者置于先酸后碱溶液中，经一定时间后，测定其溶出物的含量。例如可溶硅百分比含量的测定是精确称取1g粉煤灰，在0℃条件下置于100mL浓度为1mol/L的HCl溶液中；经1h后迅速抽滤，并用硅钼黄比色分析法测定可溶硅占粉煤灰试样质量的百分数。

滤液中粉煤灰玻璃体颗粒在酸碱溶液中能够逐渐溶出的部分是玻璃体中最活泼的部分。不同电厂粉煤灰的可溶出SiO_2和Al_2O_3含量是有区别的，一般情况下，可溶出的SiO_2和Al_2O_3含量愈高，粉煤灰的活性愈高，在适当的条件下愈容易水化和凝结硬化。

（5）综合评价。上述各种方法在一定程度上反映粉煤灰效应的某些侧面，它们都存在着一定的局限性。因此，近些年来人们愈来愈多地趋向于采用综合方法来评价粉煤灰的效应。人们所考虑的因素可归纳为粉煤灰的表观密度、细度（或比表面积）、颗粒粒径分布、颗粒形貌、SiO_2和Al_2O_3含量、低铁玻璃体含量、SO_3以及碳含量、标准稠度用水量等。这些因素间接地反映了粉煤灰效应的大小，可以对粉煤灰效应做出定性的评价，经过一段时间的研究可以逐步达到定量的程度。

（二）火山灰质材料

凡天然的或人工的以氧化硅和氧化铝为主要成分的矿物质材料，本身磨细后加水拌和并不硬化，但与气硬性石灰混合后，再加水拌和，则不但能在空气中硬化，而且能在水中继续硬化，因此称为火山灰质材料。

火山灰质材料的品种很多。天然的有火山灰、凝灰岩、浮石、沸石岩、硅藻土和硅藻石等；人工的有煤矸石、烧页岩、烧黏土、煤渣、硅质渣、硅灰（硅粉）等。目前，世界上有8.6%的碾压混凝土坝采用了火山灰质材料作为掺合料。

我国国家标准要求火山灰质材料的SO_3含量不得超过3%，人工的火山灰质材料的烧失量不得超过10%。

碾压混凝土的掺合料可使用经磨细的火山灰及凝灰岩，它们是火山爆发时喷到空中的灰分及岩浆经过不同程度的急速冷却后形成的。其化学成分除氧化硅外，还含有一定量的氧化铝和少量的碱性氧化物（Na_2O，K_2O），其活性决定于化学成分和冷却速度并与玻璃体含量有关。我国云南省的漫湾水电站成功地采用了凝灰岩粉作为大坝混凝土的掺合料，总使用量近11万吨。

作为掺合料掺入碾压混凝土中的火山灰及断灰岩，必须经过粉磨使其细度与水泥细度大致相当，并经过鉴定确认，其品质合格后方可使用。火山灰质材料的活性检验方法如石灰吸收法、溶出度法等与粉煤灰活性检验方法相同，此外，还可以进行火山灰活性试验（GB 2847—1981）、混合硅酸盐水泥抗压强度比试验

（GB 2847—1981）、混合消石灰强度试验和需水量比试验等来评定其品质。

（1）火山灰活性试验。根据GB 2847—1981，用掺入30%火山灰质材料的水泥溶液，在40℃恒温箱中放置7d后，测定氧化钙含量与总碱度（OH^-）值，在活性图上判断该掺合料的火山灰活性，试验点落在图中曲线下方为合格。

（2）混合硅酸盐水泥抗压强度比试验。按GB 2849—1981的规定，用掺入30%火山灰质材料的硅酸盐水泥胶砂28d抗压强度与硅酸盐水泥胶砂28d抗压强度的比值判断混合材料的活性，该强度比值大于62%即为合格。

（3）混合消石灰强度试验。该试验是将火山灰质材料与消石灰混合，再以1∶3的比例配制混合砂浆，最后测定其硬化强度来判断活性的大小。

（4）需水量比试验。以掺入30%火山灰质材料的水泥胶砂在流动度为（130±5）mm时的需水量与同流动度未掺火山灰质材料情况下水泥胶砂需水量之比，来反映材料达到相同流动度时需水量的大小。

使用火山灰及凝灰岩粉作为碾压混凝土的掺合料时，除了进行上述品质检验外，还需测定其化学成分和矿物成分并进行掺有火山灰及凝灰岩粉的碾压混凝土的性能试验，以便全面掌握该混凝土的性能。一般情况下，火山灰质材料的掺入使混凝土拌合物的需水量增大，混凝土的干缩率增加，应引起重视。国内工程实践表明，掺入火山灰、凝灰岩的碾压混凝土拌合物的初凝时间较短，也应引起注意。

（三）粒化高炉矿渣

在高炉中冶炼生铁时，所产生的浮在铁水表面的以硅酸钙和硅铝酸钙为主要成分的熔融物，经过骤冷处理后成为颗粒状态，质地疏松、多孔，称为粒化高炉矿渣。矿渣的化学组成主要是一些氧化物，其中 CaO、SiO_2、Al_2O_3 占总量的90%以上，还有少量 MgO、FeO 和一些硫化物（如 CaS、MnS、FeS）等。用作混凝土掺合料的矿渣，一般 CaO、Al_2O_3 含量较高，SiO 含量较低，活性较大，质量较高。矿渣的活性不仅与其化学成分有关，而且在很大程度上取决于成粒条件和矿渣的结构形态等多种因素。经过骤冷处理的粒状矿渣，由于在骤冷过程中熔融状态的矿渣黏度增加很快，来不及结晶，故大部分形成玻璃质结构，此结构处于不稳定状态。储有大量的化学内能，在碱性激发剂（石灰或水泥熟料与硫酸盐激发剂）（石膏）的作用下，呈现出较强的水硬活性。在矿渣资源丰富的地方，可以使用磨细的粒化高炉矿渣作为碾压混凝土的掺合料。目前，世界上有13.8%的碾压混凝土坝使用了粒化高炉矿渣作为掺合料。

另外，我国国家标准还要求粒化高炉矿渣中锰化合物的含量，以 MnO 计不得超过4%；钛化合物的含量，以 TiO_2 计不得超过10%；氟化合物的含量，以 F 计不得超过2%。冶炼锰铁所得的粒化高炉矿渣中锰化合物的含量，以 MnO_2 计不得超过15%；硫化合物的含量，以 S 计不得超过2%。高炉矿渣的淬冷处理必须充分，粒化高炉矿渣的表观密度不得大于1 100kg/m³；未经充分淬冷的块状矿渣，经直观剔选，以重量计不得大于5%，其最大尺寸不得大于100mm。粒化高炉矿渣不得混有任何杂质，金属铁的含量亦应严格控制。

除了进行上述品质检验外,还应进行掺矿渣的碾压混凝土的性能试验,以便全面掌握该碾压混凝土的性能。

(四)非活性掺合料

非活性掺合料是不具有活性或活性甚低的人工或天然矿物质材料,又称为填充性掺合料。此类掺合料中,质地较坚实的有石英岩、石灰岩、砂岩等磨成的细粉,质地较松软的有黏土、黄土等。另外,凡不符合技术要求的粒化高炉矿渣、火山灰质材料及粉煤灰,均可作为非活性掺合料应用。对于非活性掺合料的品质要求,主要应具有足够的细度,不含或极少含有对水泥有害的杂质。

非活性的人工填料已在一些碾压混凝土坝中得到了应用(占碾压混凝土坝总数的2.4%),其应用主要集中在巴西,因为该国缺乏活性掺合料资源,而且由于该地区不存在动荷载问题,碾压混凝土坝中可能产生的拉应力很小甚至为零,故人工填料在一定条件下的应用已被证明是可行的和成功的。

以上介绍了碾压混凝土的几种常用掺合料,其中粉煤灰的使用是最为普遍的。在实际工程中,如无粉煤灰资源时,可就近选择技术经济指标较合理的其他活性或非活性掺合料,如凝灰岩、磷矿渣、高炉矿渣、尾矿渣、石粉等,经磨细后掺合。我国辽宁省观音阁水库利用铁矿石经磨细精选矿粉后的弃渣(主要成分为SiO_2)掺入碾压混凝土来补充砂微粒,已证实其对水泥水化热并无影响,且在改善混凝土的工作性、抗冻性方面优于掺配人工砂并可节约直接投资,又为处理环境污染严重的矿山弃料提供了新的途径。云南省大朝山水电站鉴于当地无粉煤灰资源的状况，就地取材选用磷矿渣与当地火山灰质凝灰岩混磨作为混凝土掺合料（称为PT掺合料），获得了显著的技术经济效果。此外，对于有抗冻、抗渗、抗冲磨、抗溶出性侵蚀及抗硫酸盐侵蚀要求的工程还可掺入适量的硅粉，硅粉同时具有抑制碱—骨料反应和防止钢筋锈蚀的作用。为提高混凝土的抗裂性，可通过外掺MgO使混凝土中的胶凝材料在水化过程中产生延迟性膨胀以补偿混凝土自生体积收缩，掺入橡胶粉也可降低水泥的脆性系数。各种掺合料的掺量都需通过试验论证来选定。

三、骨料

骨料占碾压混凝土总质量的85%～90%，占混凝土总体积的80%～85%，是混凝土的主要组成材料。碾压混凝土对骨料没有特殊要求，能满足常态混凝土要求的骨料，一般都可用于碾压混凝土。但是，由于骨料在碾压混凝土中需要通过碾压，所以除要求骨料质地坚硬、表观密度合格外，还必须注意不含过多的页岩、黏土质岩、云母、活性氧化硅等有害物质，避免有害物质减弱水泥与骨料间的结合力，甚至起破坏作用。除品质要求外还必须选择良好的骨料级配，使碾压混凝土具有良好的抗分离能力。

用于碾压混凝土的骨料可分为天然骨料和人工骨料，前者有山砂、河砂、卵石（砾石）等，后者有人工砂、碎石等。室内试验资料表明，用同一种胶凝材料和相同的水胶比拌制碾压混凝土，若采用人工骨料，可比天然骨料提高抗压强度25%～60%，水胶比愈大，强度的提高率愈大，但人工骨料较天然骨料难压实，振动碾压过程中容易断裂和挤碎。骨料还可根据粒径分为细骨料（砂子）和粗骨料（石子）。全部都能通过10mm筛孔，且85%以上的质量能通过5mm筛孔的骨料称为细骨料；85%以上质量遗留在5mm以上筛上的骨料称为粗骨料。

骨料的性能和品质对碾压混凝土拌合物的性能及硬化后混凝土的强度、耐久性等物理力学指标都有不同程度的影响。骨料的品质和数量决定工程能否顺利施工及工程的经济性，所以，必须通过严密的勘探调查，系统的物理力学性能试验及经济比较，正确地选择料场。碾压混凝土施工速度快，骨料使用量大而集中，骨料选择失当或调研不够都将导致工程施工时出现被动局面，应特别予以重视，切忌在骨料的选择上出现任何差错。

（一）粗骨料

碾压混凝土的粗骨料有卵石和碎石，两者各有特点。使用卵石拌制混凝土可以减小空隙率。与碎石骨料相比，在相同砂浆用量情况下可以得到工作度较小的混凝土拌合物。但施工实践表明，用碎石拌制的碾压混凝土在出机和卸料过程中发生骨料分离的程度较卵石轻。骨料的颗粒形状受母岩成因影响较大，若天然骨料中形状过于扁平或过长颗料粒所占比例较多，则不仅空隙率增大，而且在用振动碾碾压时，这些颗粒易破碎并排列成水平状态，砂浆难以包裹与填充而影响碾压混凝土性能，因此在施工中应对针、片状颗粒应加以限制。

1. **粗骨料品质**

常态混凝土要求骨料密实、坚硬，碾压混凝土对其硬度的要求可以适当降低,但要求在振动碾之下不易破碎。

骨料中有三类有害杂质：妨碍水泥水化的杂质、妨碍骨料与水泥净浆之间很好黏结的浮层以及骨料本身的一些较软弱或不安定颗粒。因而要求粗骨料必须洁净,但对含泥量要求可适当放宽。骨料含泥在碾压混凝土拌合物中若能充分分散,则对其可碾压性是有利的。但含泥对混凝土性能会带来不利影响,故应有一个适当的限量指标,有的工程按含泥量不大于3%的限量指标控制。另外,蛋白石、硅质或镁质石灰岩、凝灰岩、安山岩等骨料中含有活性氧化硅,在使用前必须做碱骨料活性检验。

一般情况下,骨料石质的好坏可由密度和吸水率判断,密度大的骨料比较密实,而且吸水率小、耐久性高。

2. 粗骨料最大粒径

骨料最大粒径是指至少有90%的试样量能通过的最小筛孔尺寸。粗骨料最大粒径主要根据骨料分离情况、铺筑层厚度、振动机械的性能及施工运输方式等确定。

碾压混凝土是一种超干硬性混凝土,多采用自卸卡车运输入仓。根据工程具体情况及施工条件,选择合适的粗骨料最大粒径,对减少施工过程中的粗骨料分离和降低胶凝材料用量是有现实意义的。同常态混凝土一样,增大粗骨料最大粒径可以降低粗骨料的空隙率,从而减少砂浆和胶凝材料用量。但随着粗骨料最大粒径的增大,碾压混凝土拌合物骨料分离现象趋于严重,碾压混凝土由于灰浆量少,更应重视抗分离问题。现场试验和工程施工结果表明,当骨料最大粒径超过80mm时,在运输、卸料、摊铺过程中大颗粒骨料易发生滚动而形成粗骨料集中的分离现象；当使用最大粒径为40mm或更小的粗骨料时，分离现象明显减轻。但必须相应增加砂率和胶凝材料用量，这将给温度控制带来困难。在美国，骨料最大粒径范围是19～76mm，其中一些工程使用最大粒径为40mm以下的粗骨料，致使胶凝材料用量增大，如上静水（Up-per Stillwater）坝主体的胶凝材料用量达248kg/m³。日本曾使用最大粒径为150mm的粗骨料，虽辅以严格的铺筑工艺和施工层面处理，却并未取得预期的解决粗骨料分离的效果。在巴基斯坦塔贝拉（Tarbela）坝的修补工程中，采用了最大粒径达230mm的石料来拌制碾压混凝土，为防止骨料分离及保证碾压混凝土的密实性，采用了大型振动碾压机械和卸料高度较小的混凝土运输工具。另外，粗骨料的颗粒形状对碾压混凝土密实度也有较大影响，一般选取近于立方体形或球形的颗粒较为合适。

最大骨料粒径小于铺料层厚度的1/3，就不会影响大型振动碾的压实效果。骨料最大粒径愈大，要求振动机械的振动能力愈大。在日本新中野坝和玉川坝的施工中，使用激振力32t的BW-200型振动碾，能够碾压最大骨料粒径为150mm的碾压混凝土；而激振力在20t以下的各型振动碾，尚无碾压最大骨料粒径在80mm以上的碾压混凝土的先例。考虑到防止分离现象、铺筑均匀及振动碾机械的能力等因素，国内外多数工程目前使用80mm（美国采用76mm）的最大粗骨料粒径。

3. 粗骨料的级配

级配是表示骨料大小颗粒相互搭配的比例关系。施工中，宜将粗骨料按粒径分成5~20mm、20~40mm、40~80mm和80~150（或120）mm这几个粒径级，应严格控制各级骨料的超径、逊径含量。若以原孔筛检验，其控制标准为超径<5%、逊径<10%；若以超径、逊径筛检验，其控制标准为超径=0、逊径<2%。

由于碾压混凝土与常态混凝土所采用的振捣机械不同，振实机制也不同，故骨料级配不但对碾压混凝土的相对压实度有影响，还影响碾压机械的工作效率。若骨料级配良好，则空隙率和总的表面积都较小，可减少填充骨料空隙的灰浆量，相应降低单位体积用水量和胶凝材料用量，使碾压混凝土拌合物及硬化后碾压混凝土的性能得到改善。

粗骨料级配有连续级配和间断级配之分。国内外碾压混凝土工程大都使用连续级配的粗骨料，因其相对于间断级配更易获得最佳振实效果。粗骨料各粒级的比例可依据粗骨料振实堆积密度（旧称振实容重）试验结果并考虑抗分离能力选定。一般情况下，当骨料最大粒径为80mm时，使粗骨料振实堆积密度最大（空隙率最小）的大、中、小石比例为4:3:3。当比例为3:4:3时，粗骨料的振实堆积密度稍小，但拌合物抗分离能力较强，所以我国不少已建碾压混凝土工程的粗骨料选用该比例。在坑口坝和岩滩围堰的施工中，为改善骨料分离现象，将大石用量进一步减小，采用了2:4:4的比例。碾压混凝土骨料在个别工程中采用间断级配（如美国阿拉斯加州的切纳工程），将最大粒径骨料的比例规定在粗骨料的50%~70%，可取得理想级配。但实践证明，间断级配使碾压混凝土的骨料分离现象更加严重，故宜避免使用。

适合于碾压混凝土的骨料有多种来源，骨料级配的选择应从实际出发。本着优质、经济、就地取材的原则,将通过试验选定的最优级配与料场中骨料的天然级配情况结合起来考虑,对各级骨料进行必要的调整与平衡,如天然石料中的超径部分可以破碎后利用,避免产生过多的弃料。过去一直认为使用泥灰岩骨料制备的泥混凝土,其强度和耐久性都不如用花岗岩、安武岩、砂岩制备的混凝土,但美国的米德尔福克(Middle Fork)坝就成功地使用了坝址处的泥灰岩(油页岩),而未采用已知合适的距离坝址32km的河卵石。

(二)细骨料

碾压混凝土可以用天然砂、人工砂或两者混合的砂作为细骨料。

1. 细骨料品质

碾压混凝土使用的细骨料品质要求与常态混凝土基本相同,要求其本身质地坚硬、清洁。

2. 细骨料的细度模数和颗粒级配

砂的细度模数和颗粒级配对碾压混凝土的技术性质及工程造价都有一定的影响。

砂的细度模数影响碾压混凝土拌合物的和易性,一般人工砂细度模数宜在2.2~2.8,天然砂细度模数宜在2.0~3.0。应严格控制超径颗粒含量,砂中大于5mm的颗粒含量对细度模数影响敏感,应加以控制,有的工程控制在5%以内。细度模数小于2.0的天然砂，须通过试验论证。我国四川省蓬安县马回水电站坝体在施工时由于当地无合适的砂，曾使用细度模数为0.7的砂，适当增加拌合物的胶凝材料用量，也取得了成功。

细骨料的颗粒形状和级配对碾压混凝土的性能影响更为明显，一般混凝土用砂的空隙率为40%～45%，级配良好的砂子空隙率可减小到40%以下。带有棱角的矿，特别是含扁平形颗料较多或级配不良的砂，其空隙率较大，配制混凝土时需用较多的胶凝材料。若使用人工砂，当级配不够理想时，可掺用一部分天然砂混合使用。工程实践证明，使用粗砂、特细砂均可拌制碾压混凝土，级配的重要特点是通过0.6mm（30$^{\#}$）筛的颗粒占50%～80%。对福建省大田坑口坝人工砂的研究结果表明，碾压混凝土在振动作用下流动填空的主要是2.5mm以下的颗粒，所以在配合比设计时要保证砂中1.2～2.5mm的颗粒有足够的数量。

3. 细粉在碾压混凝土中的作用

砂中微细颗粒（我国系指小于0.16mm的颗粒，美国系指小于0.075mm的颗粒）对碾压混凝土的性能有不容忽视的影响。

美国的柳溪（WillowCreek）坝由于缺乏足够数量和适宜质量的天然砂卵石，其骨料由坝址处开采的玄武岩加工而成，岩石经过破碎后仍满足不了细骨料的要求，就将剥离的料场表土及含有部分岩屑的粉砂质卵石（原应为弃料），按15%的表土和85%的岩石直接送入破碎机混合加工成骨料来使用。这说明使用破碎岩石制得的人工砂充当细骨料时，其中所含细粉可加以利用。通过多个工程及反复试验验证，非塑性到低塑性细粉掺用于碾压混凝土中能取得良好的效果。美国的《碾压混凝土坝的设计与施工导则》中指出，塑性指数为4或更小的细粉用于碾压混凝土中没有出现什么问题；塑性指数为5~7的细粉，只有经过广泛的实验室试验证明其塑性不会导致黏结成团或降低拌合物的工作性以后方能使用；塑性指数大于9的细粉不宜用于碾压混凝土。阿根廷、乌拉圭等国所做的研究表明，细粉可用来代替10%~30%的水泥。

由于碾压混凝土中胶凝材料和水的用量较少，当人工砂中含有适量的细粉时，因与掺合料的细度基本相当，石粉在砂浆中能够替代部分掺合料，与胶凝材料共同起到填充空隙和包裹砂粒表面的作用，即相当于增加了胶凝材料浆体，能在一定程度上改善灰浆量较少的碾压混凝土拌合物的和易性，增进混凝土的匀质性、密实性、抗渗性，提高混凝土的强度及断裂韧性，改善施工层面的胶结性能，减少胶凝材料用量等。适当提高石粉含量，亦提高了人工砂的产量，降低了成本，增加了技术经济效益。合理控制人工砂石粉含量，是提高混凝土质量的重要措施之一。在冲洗筛分骨料时，应注意减少人工砂中石粉的流失。我国坑口坝的试验表明，当细骨料采用细度模数为3.0、细粉含量为10%的人工砂时，每立方米碾压混凝土的胶凝材料用量为140kg，比采用细度模数为3.16、细粉含量为0.5%的天然砂每立方米混凝土节省胶凝材料40kg，但其28d、90d的强度提高了3.0~6.0MPa，抗渗性更好，工作度也相对较稳定。

（三）混合骨料

骨料级配从按正常分级的优良的骨料级配到完全不分级的

混合骨料（又称为统货骨料）在碾压混凝工程中均有使用，日本所施工的碾压混凝土坝均采用与常态混凝土一致的骨料级配，我国多数工程也是如此。巴基斯坦的塔贝拉坝应急工程以及澳大利亚的一些工程则使用了混合骨料，即天然级配骨料或采挖出来后筛除超径岩块外不再做什么处理的骨料。譬如塔贝拉坝工程直接利用河床沉积物，剔除粒径大于152mm的颗粒，然后与粒径大于19mn的骨料以1∶1的体积比混合，并不进行其他加工措施。美国柳溪坝的骨料由玄武岩轧成，该坝把原料送进轧石机，大约轧成三种规格的材料：石粉、砂和碎石，直接用于碾压混凝土施工。我国湖北省清江隔河岩水电站围堰粗骨料最大粒径为80mm，由于拌和系统原配套的筛分能力较小，无法满足碾压混凝土对骨料（特别是细骨料）含水率的要求，故曾使用未经冲洗的天然砂石料，采用预筛分级，砂和小石为一级，中石和大石为一级，混凝土由原来的三级配改为二级配。

　　混合骨料的使用可以就地取材，简化甚至取消骨料筛分工艺，达到经济的效果。混合骨料能否成功地用于工程中，应有充分的技术经济论证和切实可行的措施：一般要求料源级配稳定或基本稳定，质量控制中要及时调整。在此基础上，在配合比设计时适当考虑使用混合骨料的特点，在选择配合比设计参数（如砂率、浆砂比）时留有足够的余地，以适应混合骨料级配在一定范围内的波动。但一般料场的混合骨料级配难以保证稳定，用增大灰浆量来保证拌合物工作性的稳定又造成费用增大且可能给混凝土的温控带来困难，混凝土施工质量也不易保证，所以对于永久性重要工程不宜使用混合骨料。

四、外加剂

在混凝土拌和过程中掺入的,并能按要求改善混凝土性能的材料,称为混凝土外加剂。一般情况下,掺量不超过水泥质量的5%,外加剂是配制高品质碾压混凝土中不可缺少的重要材料。

根据碾压混凝土的设计指标、不同工程及施工季节的要求,掺入混凝土外加剂不但能改善碾压混凝土的性能,使之便于施工,而且能节约工程费用。国内外碾压混凝土施工实践中几乎没有不掺外加剂的。碾压混凝土中胶凝材料用量较少、砂率较大,为了改善拌合物的和易性,必须掺入减水剂。减水剂的掺入可以降低拌合物的VC值,改善其黏聚性,提高其抗分离性能。实验表明,减水剂有助于减少使碾压混凝土达到完全密实所需要的振动时间。此外,碾压混凝土大仓面薄层铺筑的施工方法(尤其在夏季施工时)要求拌合物具有较长的初凝时间,以使碾压层面保持塑性,减少冷缝的出现和改善施工层面的黏结特性,为此应掺入缓凝剂。位于严寒地区的碾压混凝土工程,为提高混凝土的抗冻性,可以考虑掺用引气剂。

(一)减水剂

能保持混凝土工作性不变而显著减少其拌和水量的外加剂称为减水剂。减水剂按减水能力及其兼有的功能可分为普通减水剂、高效减水剂、早强减水剂、缓凝减水剂和引气减水剂等。减水剂大多为亲水性表面活性剂。

1. 减水剂的作用机制及使用效果

水泥加水拌和后，由于熟料中各矿物成分水化后所带的电荷不同而产生的异性相吸和矿物水化后的溶剂化水膜产生的某些缔合作用，形成絮凝状结构，相当多的游离水被束缚在水泥颗粒形成的包围圈中，从而使水泥浆外观显得干稠，塑性降低，掺入减水剂后，减水剂的憎水基团定向吸附于水泥颗粒表面，亲水基团指向水溶液，形成了单分子或多分子吸附膜。在水泥浆结构上发生如下几方面的作用：①当减水剂为离子型表面活性剂时，能使水泥颗粒表面带上同种电荷，在电性斥力作用下，水泥粒子相互分散；②减水剂定向吸附以后，由于极性水分子吸附在亲水基团表面，使水泥粒子的溶剂化层增厚，增大了水泥颗粒间的可滑动性；③显著地降低水的表面张力，使水泥颗粒易于润湿，水泥粒子间自动粘连的能力减弱，分散度增大。上述作用使水泥浆体的絮凝状结构破坏，水分从包围圈中释放出来，形成溶胶结构，有效地增加了拌合物的流动性而无需增加水量。此外，减水剂对水泥颗粒的润湿作用还可使水泥颗粒的早期水化作用比较充分。

总之，减水剂在混凝土中改变了水泥浆体的流变性能，进而改变了水泥及混凝土结构，起到改善混凝土性能的作用。

根据使用条件的不同，混凝土掺用减水剂后可获得以下三方面的效果：①在配合比不变的条件下，可增大混凝土拌合物的流动性，且不致降低混凝土的强度；②在保持流动性及水灰比不变的条件下，可以减少用水量及水泥用量，以节约水泥；③在保持流动性及水泥用量不变的条件下，可以减少用水量，从而降低水灰比，使混凝土的强度与耐久性得到提高。

2. 常用的减水剂

（1）木质素磺酸盐类减水剂。木质素磺酸盐类减水剂属阴离子表面活性剂，其中最常用的是木质素磺酸钙（简称木钙或M剂）。它是由生产纸浆或纤维浆的废液经发酵提取酒精后的残渣，再经磺化、石灰中和、过滤、喷雾干燥而制得。木钙减水剂中含木质素磺酸钙60%以上，含糖率低于12%，pH为4~6。木钙的适宜掺量一般为水泥质量的0.2%~0.3%，减水率为10%左右，与早强剂和引气剂等复合使用，效果较好。掺木钙的混凝土28d抗压强度可提高10%~20%。在保持混凝土抗压强度和工作度不变的条件下，掺有木钙的混凝土的抗拉强度、抗折强度、弹性模量、抗渗性及抗冻性等各项性能均较未掺外加剂的混凝土有不同程度的提高，同时可节约水泥用量8%~10%。

木钙中因含有少量未除尽的糖分，故对混凝土有缓凝作用，并可降低水泥水化的放热速率。在混凝土中掺入0.25%的木钙时，能使凝结时间延长1~3h，对大体积碾压混凝土的夏季施工有利。但木钙的掺量不宜过多，否则会抑制水泥水化速度，影响混凝土的早期强度发展，使引气过多，强度下降。掺量超过常量的三四倍时凝结时间就会大大延长，甚至不能凝结，早期强度极低；如超量不多，则早期强度发展迟缓，须经两三个月后才能赶上正常掺量的混凝土的强度，给工程施工带来困难。在冬季使用尤须注意掺量，在5℃以下宜同时掺加早强剂。

木钙的原料丰富、价格低廉、掺量少，经济效益显著，在碾压混凝土工程中得以广泛应用。譬如我国第一座碾压混凝土坝——大出坑口坝及沙溪口、铜街子、葛洲坝水电站等工程碾压混凝土施工时，均掺用了木钙，起到了减水和缓凝的效果。

（2）糖蜜系减水剂。糖蜜减水剂是以制糖厂提炼食糖后所得副产品糖渣或废蜜为原料，用石灰中和所得的盐类物质。也可用废蜜发酵提取酒精后的残渣做减水剂，其主要产品有糖蜜塑化剂、甜菜糖渣减水剂及糖蜜酒精糟减水剂等，均属非离子型亲水性表面活性剂。糖蜜减水剂的适宜掺量为0.2%～0.3%、减水率为6%～8%，混凝土28d强度可提高10%～15%。

糖蜜减水剂不仅有减水作用，还能够不同程度地延缓水泥熟料矿物组分中C、A、C、S等的水化速度和结晶过程，具有显著的缓凝作用，属缓凝减水剂。糖蜜减水剂能提高混凝土的中、后期强度。在保持混凝土抗压强度和工作度不变的条件下可节约水泥用量的10%左右，还能改善混凝土拌合物的黏聚性，显著降低水泥水化热，从而使混凝土中的内部裂缝减少或得到控制，并能提高混凝土的抗渗性、抗冻性及抗冲磨性能等，适用于大体积混凝土工程及夏季混凝土施工等。

我国的岩滩水电站围堰在施工时掺用了糖蜜减水剂，起到了减水缓凝作用。

（3）高效减水剂在保持混凝土稠度不变的条件下，具有大幅度减水增强作用的外加剂称为高效减水剂。高效减水剂主要有萘系和树脂系两大类。

萘系减水剂是以煤焦油中分馏出的萘及萘的同系物为原料，经磺化、水解、缩聚、中和而制成，其主要成分为萘或萘的同系物磺酸盐甲醛缩合物，属亲水性阴离子表面活性剂。目前，国内已有数十个品种，主要有NF、NNO、FDN、UNF、MF、建Ⅰ、

JN、SN、AF等。萘系减水剂对水泥有强烈的分散作用，减水率多在15%～20%及以上，混凝土28d强度可增加20%以上，并有早强作用。其适宜掺量多为0.2%～1.5%，通常为0.5%～0.75%。大部分产品属非引气型（或引气量小于2%），少数产品具有一定的引气性（如MF、建Ⅰ等）。我国的大朝山水电站采用改性的FDN-04-1$^{\#}$、2$^{\#}$、3$^{\#}$三种方案以分别适应碾压混凝土在不同季节、不同部位的施工。

目前，国产水溶性树脂系高效减水剂有三聚氰胺甲醛树脂（或称蜜胺树脂，代号SM）及磺化古马龙树脂（代号CRS）。SM为非引气型早强高效减水剂，当掺量为0.5%～2.0%时，可减水20%～27%；最高减水率可达30%；混凝土28d抗压强度可提高30%～60%，用于配制高强混凝土，并特别适用于蒸汽养护的混凝土。但因其价格昂贵，使用受到一定的限制。CRS属非引气型高效减水剂，是由炼油厂的副产品古马龙——茚树脂经硫酸磺化制成，减水率达到19%～29%，混凝土28d强度可提高21%～27%，抗渗、抗冻性等也有显著提高，其价格及适用范围与萘系减水剂相似。

我国天生桥二级坝体碾压混凝土施工时掺用了缓凝高效减水剂DH$_{4a}$，普定碾压混凝土拱坝掺用了建Ⅰ、木钙及糖蜜复合外加剂，都取得了很好的效果。

（二）缓凝剂

能延缓混凝土凝结时间，并对混凝土后期强度发展无不利影响的外加剂称为缓凝剂。

1. 缓凝剂的作用机制及使用效果

缓凝剂的作用机制比较复杂，至今尚未形成统一完满的理论。从已有的资料来看，可归纳为如下四种假说：①沉淀假说——认为有机或无机物在水泥颗粒表面形成一层由不溶性物质组成的薄膜，阻碍水泥颗粒与水的进一步接触，因而水泥的水化反应进程被延缓；②络盐假说——认为无机盐缓凝剂分子与溶液中的Ca^{2+}形成络盐，抑制了$Ca(OH)_2$晶体的析出；③吸附假说——认为由于水泥颗粒表面具有较强的吸附能力，水泥颗粒表面吸附缓凝剂，形成一层起抑制水泥水化作用的缓凝剂膜层，阻碍了水泥水化过程；④成核抑制假说——认为缓凝剂从诱导期到加速期，阻碍从液相析出的$Ca(OH)_2$结晶成核。以上假说未必建立在同一缓凝性化合物的基础之上，因而不能全面地说明缓凝作用的原理。根据缓凝剂的种类不同，其缓凝作用存在很大差异。从缓凝剂对水泥水化放置速率的影响来看，水泥矿物对凝结的影响次序为：$C_3A > C_4AF > C_3S > C_2S$。相同掺量的缓凝剂对水泥凝结时间的影响受到水泥矿物成分含量的制约，水泥矿物成分中C_3A的含量愈低，缓凝剂所起抑制水泥水化作用的时间就愈长，水化热的相对降低率也就愈大。

缓凝剂的掺入能使混凝土拌合物在较长时间内保持塑性，在夏季混凝土施工、大体积混凝土施工中对推迟水化放热过程、降低混凝土早期绝热温升，减少温度应力所引起的裂缝等方面均起着重要的作用。位于我国南方高气温地区的龙滩水电站掺用高温缓凝减水剂，可使大坝碾压混凝土在夏季35℃的高温条件下连续施工，大大地加快了施工进度。

2. 常用的缓凝剂

缓凝剂的品种很多，主要包括以下几类：

（1）糖类，如糖钙等。

（2）木质素磺酸盐类，如木质素磺酸钙、木质素磺酸钠等。

（3）羟基羧酸及其盐类，如柠檬酸、酒石酸、酒石酸钾钠等。柠檬酸具有强烈的缓凝作用，当掺量为0.03%~0.1%时，可使水泥凝结时间延长数小时至十几小时。但掺用柠檬酸的混凝土拌合物泌水性较大，黏聚性较差，硬化后混凝土的抗渗性稍差。为了弥补这种缺点，可以与引气剂联合掺用或适当增加砂率。

（4）无机盐类，如锌盐、硼酸盐、磷酸盐等。

（三）引气剂

在混凝土搅拌过程中，能引入大量分布均匀的、稳定而封闭的微小气泡，减少混凝土拌合物泌水离析，改善和易性，并能显著提高硬化混凝土抗冻融耐久性的外加剂称为引气剂。

1. 引气剂的作用机制及使用效果

引气剂具有引气作用的原因是：引气剂吸附在水－气界面上，显著地降低了表面张力，在搅拌作用下产生大量气泡；引气剂分子定向排列在气泡膜界面上，阻碍泡膜内水分子的移动，增加了泡膜的厚度及强度，使气泡不易破裂；水泥浆中的氢氧化钙与引气剂作用生成的钙皂沉积在泡膜壁上，也提高了泡膜的稳定性。

引气剂能改善混凝土拌合物的和易性。混凝土拌合物中引入大量气泡，相对地增加了水泥浆体积，可提高混凝土的流动性。

大量微细气泡的存在，还可显著地改善混凝土的黏聚性和保水性。

引气剂能显著提高混凝土的耐久性。由于气泡能隔断混凝土中毛细管通道，并对水泥石内水分结冰所产生的水压力起到缓冲作用，故能显著提高混凝土的抗渗性及抗冻性。一般掺入适量优质引气剂的混凝土抗冻等级，可达未掺引气剂基准混凝土的三倍以上。此外，气泡还可使混凝土弹性模量有所降低，这对提高混凝土的抗裂性也是有利的。

混凝土中掺入引气剂的主要缺点是使混凝土强度及耐磨性有所降低。当保持水灰比不变，掺入引气剂时，含气量每增加1%，混凝土强度下降3%~5%。混凝土中含气量的多少，对其和易性、强度、耐久性等都有很大影响。若含气量太少，不能获得引气剂的积极效果；若含气量过多，又会过多地降低混凝土的强度。故应使混凝土具有适宜的含气量值。适宜含气量在骨料最大粒径为20mm时，为6%；在骨料最大粒径为40mm时，为5%；在骨料最大粒径为80mm时，为4%；在骨料最大粒径为150mm时，为3%。

已有实验表明，在胶凝材料用量较少的碾压混凝土中掺用引气剂收到的效果比常态混凝土差。由于碾压混凝土中浆体较少，截留空气的能力较差，因此引气剂的掺入效果不显著。但对于胶凝材料用量较多、水胶比较小的拌合物，掺入引气剂也可以获得4%~6%的含气量，不过引气剂的掺量比获得相同含气量的常态混凝土明显增加。我国河北省潘家口下池工程左坝碾压混凝土中除掺有减水缓凝剂木钙外，还掺有引气剂。引气剂掺量达到胶凝材料用量的0.015%~0.020%，明显高于一般常态混凝土中0.006%~0.012%的掺量。引气量一般为4%~5%，可获得满意的效果。

2. 常用的引气剂

引气剂的主要品种有松香热聚物、松脂皂及801引气剂等。

松香热聚物是由松香与硫酸、石碳酸起聚合反应，再经氢氧化钠中和而得到的憎水性表面活性剂。它不能直接溶于水，使用时需先将其溶解于加热的氢氧化钠溶液中，再加水配成一定浓度的溶液。

801引气剂是将脂肪醇聚氧乙烯醚进行磺化而得到的一种黏稠状半固体物质，为阴离子型表面活性剂。其引气效果与松香热聚物相似，且可直接溶于水，使用比较方便，但价格稍贵。

从碾压混凝土外加剂的发展趋势来看，能够体现外加剂多功能联合作用的复合型外加剂正得到愈来愈普遍的应用。

外加剂的掺入效果随工程所用原材料的不同而异，其中尤以外加剂与所使用水泥的相容性对掺入效果影响最大，同一外加剂掺用于不同品种水泥配制的混凝土拌合物中，减水缓凝效果不同。另外，碾压混凝土中的掺合料品种及骨料中的细粉含量均对外加剂的掺入效果有一定的影响，外加剂的掺用必须通过试验确定。

五、拌和及养护用水

凡适于饮用的水,均可用来拌制和养护碾压混凝土。拌和水必须清洁,未经处理的工业污水和沼泽水中可能含有少量酸、碱、盐、有机质、油脂、淤泥等有害物质,不得使用。

对拌制和养护混凝土的水质有怀疑时,应进行砂浆强度试验。如用该水制成砂浆的抗压强度低于饮用水制成砂浆的28d龄期抗压强度的90%,则这种水不宜用来拌制和养护混凝土。

在缺乏淡水的地区,混凝土允许用海水拌制。但应加强对混凝土的强度检验,以符合设计要求;对有抗冻要求的混凝土,水灰比应降低0.05。由于海水对钢筋有锈蚀作用,故钢筋混凝土不得用海水拌制。

碾压混凝土拌和用水的温度应根据施工时的环境温度进行适当的调节,如冬季可使用热水拌和,夏季可在拌和用水中掺入冰块。

第二节 碾压混凝土的结构

材料科学的核心是结构与性能之间的关系。在研究材料的性能时必须与其内部组织结构联系起来,才能认识材料性能的内在原因和变化规律,达到通过材料设计来改善性能的目的。混凝土具有高度不均发性以及非常复杂的结构,因此很难采取设计混凝土结构模型的办法来预计其性能。但是,混凝土中各种层次的结构特征对混凝土的性能起着决定性的作用,因此对混凝土的结构进行研究是十分必要的。

一、碾压混凝土的结构层次

碾压混凝土与常态混凝土一样是由胶凝材料、粗细骨料、水和空气以及必要的外加剂组成的一种复合材料。同时碾压混凝土也可看成由固相、液相和气相组成的一种非均匀的、多孔的人造石材。通常认为硬化后的碾压混凝土至少有下列几种成分，即粗细骨料、未水化胶凝材料颗粒、氢氧化钙及钙矾石等结晶颗粒、凝胶、凝胶孔、毛细孔隙、孔隙水及气泡等。

作为一种多相复合材料的碾压混凝土，由各级分散相分散在各级连续相中，各相的类型、数量、尺寸、形状及分布等组成其结构。复合材料的结构可以从不同的观测尺度来进行描述和研究，碾压混凝土的结构层次从粗到细可分为宏观结构、亚微观结构和微观结构。

（一）宏观结构

宏观结构是指用肉眼或放大镜能看见的粗大结构。肉眼的鉴别极限大约是1/15mm（200μm）。从碾压混凝土的横截面可以看到两个相：不同尺寸、形状的骨料颗粒以及紊乱的硬化胶凝材料砂浆。在宏观结构上，碾压混凝土与常态混凝土一样是由粗骨料分散在砂浆中所组成的两相材料，其中砂浆为连续相，粗骨料为分散相。碾压混凝土与常态混凝土在宏观层次上的区别在于粗骨料颗粒较多，而作为连续相的硬化胶凝材料浆少得多。

通常把碾压混凝土的宏观层次结构看成硬化胶凝材料砂浆和

粗骨料组成的复合材料，骨料自身的表观密度、强度以及其他物理性质如孔隙率、耐水性等主要对混凝土的表观密度、弹性模量、尺寸稳定性有很大影响。此外，粗骨料的形状和结构也同样影响混凝土的性质，如卵石碾压混凝土不如同配合比的碎石碾压混凝土强度高，扁平和针状的骨料对碾压混凝土的工作性、抗离析性能以及强度和耐久性都有不利的影响。而胶凝材料砂浆还需从亚微观以及微观角度，进一步研究其对碾压混凝土性能的影响[1]。

（二）亚微观结构

亚微观结构研究的对象是砂浆。在亚微观结构上砂浆是由硬化胶凝材料浆及砂粒、孔缝所组成的。其中，硬化胶凝材料浆是连续相，砂粒、孔缝是分散相。虽然碾压混凝土中胶凝材料的含量很少，约占总体积的1/4甚至更少，但它是碾压混凝土中起胶结作用的物质。在通常情况下，碾压混凝土的亚微观结构，尤其是在这一结构层次中表现出来的孔隙构造，与碾压混凝土的一系列性质，如强度、抗渗性、抗冻性、抗侵蚀性等关系密切。

亚微观结构和宏观结构可按骨料含量分为三类：第一类，结构中骨料相互不接触，好像"漂浮"在基材中，即砂浆含量超过粗骨料间的空隙体积。这种情况的特点是粗骨料性能对混凝土性能影响不大，混凝土性能由砂浆决定。第二类，结构中粗骨料用量增加，粗骨料周围砂浆层厚度较薄，但粗骨料颗粒尚未相互接触，形成相当紧密的骨架，对混凝土的性能影响很大，主要是强度的提高。第三类，结构中粗骨料间的空隙未被砂浆填满或砂子

---

[1] 刘雨冰，谭建军，李倩.碾压混凝土技术与性能研究[J].工程建设与设计，2020（23）：176-178.

间的空隙未被硬化胶凝材料浆完全填满,形成大孔结构。

(三)微观结构

微观结构是借助显微镜放大才能观察得到的结构层次。现代电子光学显微镜(透射和扫描电镜)的放大能力为 10^5 倍的数量级,鉴别能力可能达到几分之一微米的材料结构。碾压混凝土的微观结构也是由两相组成,即硬化胶凝材料浆由水化产物及未水化的胶凝材料内核、孔等组成。其中,水化产物为连续相,未水化的胶凝材料内核及孔为分散相。

上述每一结构层次都有与本身形成条件有关的特性。例如,硬化胶凝材料浆微观结构可能具有下列结构组成:晶体及未水化胶凝材料内核所形成的骨架、C—S—H凝胶、孔隙等;影响硬化胶凝材料浆微观结构物理、力学性能的因素是水泥与掺合料的化学成分、矿物成分、粉末细度、水胶比及硬化条件和龄期等。对于砂浆亚微观结构,除了上述决定硬化胶凝材料浆微观结构的因素外,砂浆的配合比、砂的颗粒级配与矿物组成、砂的形状、颗粒表面特性及砂中杂质含量是最重要的控制因素。

(四)碾压混凝土的界面过渡区

任何一种复合材料相与相之间都存在界面。混凝土的界面过渡区通常是指混凝土粗骨料与硬化胶凝材料浆之间存在的过渡区。而对于掺用了大量的活性掺合料的混凝土,由于活性掺合料的一部分是以微集料的形式存在的,界面情况更为复杂。严格地说,应该包括粗细骨料与硬化胶凝材料浆之间的界面过渡区、掺合料（如粉煤灰）微集料与硬化胶凝材料浆之间的界面过渡区，其中对碾压混凝土性能有较大影响的还是粗骨料与硬化胶凝材料浆之间的界面过渡区。由于界面过渡区的成分与胶凝材料浆本体具有相同的元素，但其结构和性质又完全不同，因此可将过渡区看成混凝土中单独的一相[①]。界面过渡区的形成一方面是由于新拌混凝土的粗大骨料周围形成水膜，使其附近的水胶比较远离骨料灰（或胶凝材料浆本体）的水胶比要高，胶凝材料水化所生成的氢氧化钙、钙矿石等结晶产物含有较大的结晶，形成的空间骨架结构要比胶凝材料浆或砂浆本体孔的隙率大；另一方面是由于板状氢氧化钙晶体往往形成（择优）取向层，降低了界面的黏结力，因而界面过渡区是混凝土结构和性能的薄弱环节。研究表明，粉煤灰及其他一些活性掺合料，尤其是较细的掺合料，由于二次水化反应消耗了一部分氢氧化钙，有减少氢氧化钙择优取向和过渡区厚度的作用。碾压混凝土恰好掺用了大量的活性掺合料，对于改善界面过渡区的性能是大有益处的。界面过渡区通常被看成复合材料中最弱的一相，所以也是碾压混凝土中的强度极限相。由于过渡区结构中的孔体积和微裂缝，也会降低混凝土的刚性和弹性模量，以及大幅度地降低碾压混凝土的抗渗性，从而导致碾压混凝土抗冻性和抗侵蚀能力下降。

二、碾压混凝土中硬化胶凝材料浆的成分、形貌与结构

碾压混凝土中硬化胶凝材料浆包括水化产物、未水化的水泥

[①] 普通混凝土中有三种相：水泥、砂砾、石子。钢筋是增强材料，能使混凝土性能显著增强，使其更牢固。此时有四相。

内核、未水化的活性掺合料（如粉煤灰等）内核、骨料微粉（如石粉）、孔隙等成分。碾压混凝土中的水化产物是指水泥和活性掺合料的水化产物。其与常态混凝土的水化产物种类上并无本质的区别，但在结晶程度上以及结构紧密程度上有差别。

碾压混凝土的水化产物的结晶相主要有：氢氧化钙石（$Ca(OH)_2$）、钙矾石（$C_3A \cdot 3CaSO_4 \cdot 31H_2O$）、单硫型水化硫铝酸钙（$C_3A \cdot CaSO_4 \cdot 12H_2O$）以及水化铝酸钙（$C_4AH_{13}$）晶体。碾压混凝土的水化产物的凝胶相主要是水化硅酸钙凝胶体、水化铁酸钙凝胶体等。水化硅酸钙（C—S—H）凝胶体是水泥石的主要组成成分，它在空间形成网络结构，其中贯穿、镶嵌着一些非胶体组分，在完全水化的硅酸盐水泥浆体中占固体体积的50%~60%。

泰勒（Taylar）经研究认为：C—S—H是一种由不同聚合度的水化物组成的层状的固体凝胶，它在宏观上是无序的，在近程上是有序的。C—S—H实际上是未完全限定的化合物，其C/S大约在1.5~2.0变动，并且其结构水的变动更大。用扫描电子显微镜观察，可以发现它具有不同的存在形态。S.戴蒙德（S.Dmond）认为至少有以下四种形态：

第一种为纤维状粒子，称为C—S—H（Ⅰ）型凝胶。它是水泥水化早期，从水泥粒子表面向外辐射的细长物质，呈针柱状、棒状或管状晶体。其长约$0.5 \sim 2 \mu m$，宽一般小于$0.2 \mu m$。纤维状C—S—H凝胶粒子常常在尖端分为两个或更多叉枝。

第二种为网络状粒子，称为C—S—H（Ⅱ）型凝胶。它是由许多小的粒子互相接触而形成的互相连锁的网状构造。这些小粒子是具有与C—S—H（Ⅰ）型粒子截面大体相同的长条形粒子，每个粒子在生长过程中往往每隔0.5μm就叉开，而叉开的角度相当大。这样，随着粒子的生成，粒子间的叉枝互相交结而形成一个连续的互相连接的三度空间网。

第三种为小而不规则的等大粒子或扁平粒子，称为C—S—H（Ⅲ）型凝胶。这种粒子一般不大于0.3μm，它在水泥浆体中占有相当数量。这种粒子在水泥水化进行到相当程度时才出现，而且水泥石形成的$Ca(OH)_2$结晶（呈六角板状宽几十μm）常常插入在这类凝胶体中。

第四种为"内部产物"，称为C—S—H（Ⅳ）型凝胶。它存在于水泥粒子原来边界的内部，与其他产物的外缘保持紧密接触。其外观呈皱状，具有规则的孔隙或紧密结合的等大粒子，典型的颗粒尺寸或孔间隙不过0.1μm左右，这种内部产物在水泥石中不容易观察到。

影响水化硅酸钙胶体结构的因素很复杂，但其中主要的是胶凝材料的水化阶段以及水化产物的生成环境。对于碾压混凝土，还有掺合料掺量的问题、Ca/Si大小等。

借助扫描电镜可以清晰地看出，在干贫碾压混凝土中，由于水胶比较大，水化产物生长的自由空间（如孔、缝）较大，C—S—H多为Ⅰ型或Ⅱ型凝胶。其结晶完整、晶粒较大，但结构疏松、孔隙率较大，因而强度低、抗渗性较差。相反，在高粉煤灰掺量碾压混凝土中，水胶比较小，且由于掺用了大量的粉煤灰，使拌合物中胶凝材料总表面积增大较多，胶凝材料颗粒表面的水膜层减薄，因此，水化产物生长空间较小，C—S—H凝胶颗粒的结晶程度较低，但数量却较干贫碾压混凝土的数量更多，且晶体多呈密集粒状体。

水化产物之间的孔隙较小、结构紧密，为Ⅲ型C—S—H凝胶，其强度较高、抗渗性较好。水化产物中除了水化硅酸钙以外，还有$Ca(OH)_2$。它是水泥熟料矿物C_3S和C_2S的水化产物，在水泥水化浆体中占固体体积的20%~25%。水泥水化早期一般可以看到比较完整的六角板状、假六角板状产物，其形貌常受到有效空间、水化程度、体系中杂质的影响。当水泥水化到一定程度以后，$Ca(OH)_2$往往嵌固在C—S—H（Ⅲ）等水化产物中间，比较难看到其完整的形状。高硫型水化硫铝酸钙（也称为钙矾石）呈放射状的针棒状、柱状，也有呈六角棒状的。在普通硅酸盐水泥中，钙矾石最后转化为六方板状的单硫型水化硫铝酸钙。碾压混凝土中由于水泥熟料较少，因而$CaSO_4 \cdot 2H_2O$较少，高硫型水化硫铝酸钙较易转化成低硫型水化硫铝酸钙。

三、碾压混凝土与硬化胶凝材料浆的孔结构

孔隙是混凝土的重要组分，也是必然存在的组分。孔隙存在于硬化胶凝材料浆、骨料及硬化胶凝材料浆与骨料的界面上，分为原生孔隙和次生孔隙两类，后者多由前者发展而成。这些孔隙在混凝土中形成网络分布，并受内外条件影响而变化。

实践证明，网络分布的孔隙对硬化胶凝材料浆和混凝土的强度、变形及耐久性都有重要的影响。硬化胶凝材料浆与混凝土结构从形成、发展直至破坏，均与孔隙的存在和发展密切相关，因此，混凝土的孔结构一直吸引着人们的注意，对孔结构的研究愈来愈受到人们的重视。

(一) 孔结构的含义

在第七届国际水泥化学会议上,维特曼(F.H.Wittman)提出用"孔隙学"这一名词来概括孔的各种特征:孔隙率、孔径分布或孔级配和孔几何学。随着对混凝土微观、亚微观特征研究的不断深入,更有研究者提出用分形几何维数(d)来综合评价混凝土的密实度。一般说来,孔结构的含义宜包括孔隙率、孔径分布或级配、孔的形貌与排列(孔几何学)等主要内容。

由于孔径分布对硬化胶凝材料浆及混凝土的强度、耐久性、抗渗性等性能影响极大,以及通过对孔的人为调整和控制可以改善硬化胶凝材料浆与混凝土的性能、挖掘材料的潜力,所以采用孔级配的名称以表征孔径分布更佳。也就是说,硬化胶凝材料浆及混凝土中的孔也像其他组分(如骨料、胶凝材料等)一样可以进行级配调整。

(二) 碾压混凝土及硬化胶凝材料浆中的孔

1. 孔的来源

混凝土中的孔隙来源于下述几方面:

(1)混凝土中残留的水分。这部分水是为了混凝土拌合物获得必要的施工和易性而加入的,当残留的水分蒸发逸出后即在胶凝材料浆或砂浆中形成连通的(或独立的)毛细孔和微细孔。随着混凝土硬化龄期及硬化条件的不同,毛细孔和微细孔可以被水、空气或胶凝材料的水化产物等填充,故其孔径因形成条件的不同而变化范围很大,可以从100 Å 变化到500 000 Å 不等,大部分为开口孔。

（2）拌合物中总含有一定量的空气。这些空气最初吸附在胶凝材料与骨料的表面，搅拌时由于空气未被完全排出或者由于掺入引气剂等而形成气孔。孔的尺寸一般平均为25~500μm或稍大一些，这些气孔多为球状闭口孔。

（3）在混凝土浇筑完毕开始凝结硬化时，由于混凝土拌合物的内离析，部分水分上溢，形成连通的孔道。孔径为0.1~1mm，大部分为开口孔。同时，部分水分积聚在粗骨料下表面形成水膜或水囊，混凝土硬化后形成内泌水孔隙，其典型尺寸为0.01~0.1mm，大部分也是开口孔。

（4）在混凝土中还可能存在由于漏振捣而产生的不密实孔、因温差收缩作用产生的温度裂缝、由于干燥收缩而产生的干缩裂缝等，这些孔一般通称为微裂缝。其孔径为1~20mm甚至更大，为开放型。

（5）骨料内的孔隙与骨料的性质有关，大部分天然骨料的孔隙率低于3%。

2. 孔的作用

孔隙对混凝土的影响既有负面作用也有正面作用，有的孔没有负作用，有的孔正作用十分显著。孔隙的负作用包括降低混凝土的强度、抗渗性和抗冻性等。混凝土含气量每增加1%，其强度下降3%~5%，与外界连通的某些孔隙降低了混凝土的抗渗性和抗冻性。孔隙的正作用概括起来有如下几方面：

（1）孔隙为混凝土中胶凝材料的继续水化提供水源与供水渠道。

（2）孔隙为胶凝材料水化产物的生长提供空间。

（3）尺寸小于某一限度的孔隙，对混凝土的某些性能没有负作用，甚至有正作用。

吴中伟教授曾将混凝土中的孔隙划分为四级：孔径在 200 Å 以下为无害孔级，孔径 200~500 Å 为少害孔级，孔径 500~2000 Å 为有害孔级，孔径在 2 000 Å 以上为多害孔级。美国加州大学梅塔教授（P.K.Mehta）认为，只有孔径在 1 000 Å（或 500 Å）以上的孔才对混凝土的强度和抗渗性有害，小于 500 Å 的孔可能属于以凝胶孔为主的水化产物内部的微孔。孔径小于 500 Å 的孔数量可能反映凝胶数量的多少，而凝胶数量越多则混凝土的强度越高，抗渗性越好。

前文指出，各级孔的数量是可以人为调整控制的，如同现在对混凝土的固相组分（粗细骨料、胶凝材料）一样可以进行调配。目前，常用以改变孔级配的方法有加入高效外加剂（如引气剂、微膨胀剂等）、掺合料，采用合理的施工等，通过采用适当的措施可以使孔缝大变小，增加无害、少害的孔，减少有害、多害的孔，对提高混凝土的性能（特别是抗渗、抗冻性能）有显著的作用。

3. 干贫碾压混凝土与高粉煤灰掺量碾压混凝土孔结构的差别

碾压混凝土的孔隙类型与常态混凝土大体相同，但孔径分布、形态，尤其是孔隙随龄期的发展方面存在明显的差异。这与碾压混凝土中胶凝材料用量少、粉煤灰等掺合料用量多有关，其中掺合料的品质和掺量对碾压混凝土的孔结构及其发展的影响特别显著。

4. 孔结构对耐久性的影响

孔隙对混凝土性质的另一个重要影响是耐久性，它包括抗渗性、抗冻性以及由渗透带来的抗溶蚀性、抗侵蚀性等。作为水工建筑材料的碾压混凝土，其抗渗性尤为重要。由于混凝土的亲水性及内部孔隙的存在，渗流通过混凝土内部连通孔隙而形成。混凝土的渗透性与其孔隙率有关，更与孔的形态、孔的连通性密切相关。如果混凝土内部的孔，都是球形孔或者虽是管状孔但不连通，则混凝土也是不透水的。即使是连通的管状孔，只要孔径小到一定的程度，水也是不能通过的。水在碾压混凝土中渗透的主要途径是毛细孔和施工不密实形成的不规则孔。实验表明，施工密实的碾压混凝土的抗渗性能可以满足设计要求。由于碾压混凝土中掺有粉煤灰，粉煤灰的水化产物大部分要在后期产生，这些水化产物在原生孔隙中生长，使原生孔隙得到部分充填，并使孔隙细化、分段、堵塞，部分孔隙由连通变为封闭。特别是高粉煤灰掺量碾压混凝土，这种作用更为明显。因此随着混凝土龄期的延长，碾压混凝土的抗渗性及耐久性也不断提高。

5. 孔结构对变形性能的影响

碾压混凝土的弹性模量的变化除了与骨料性质及含量有关以外，还与孔隙的数量与分布状况有关，无论增加大孔含量还是增加毛细孔含量,都将导致混凝土弹性模量降低。实验研究表明,弹性模量随孔隙结构的变化而变化的规律与强度随孔隙结构变化的规律基本相同。当大于1 000 $\overset{\circ}{A}$ 的孔隙增多或平均孔径增大时,都会导致混凝土弹性模量的降低。对于徐变来说,当总孔隙率较大或小于200 $\overset{\circ}{A}$ 的孔隙较多(相当于凝胶体较多),则徐变较大。

四、碾压混凝土的孔结构变化

碾压混凝土结构的形成过程,是从混凝土混合料制备和摊铺的时候就开始的。此后,在混凝土碾压成型、养护和硬化时期以及其后的使用时期,混凝土的孔结构都有很大的发展和变化。

(一)碾压混凝土孔结构的发展变化

混凝土的密实度及混凝土中孔隙构造一方面取决于混凝土的原生孔隙及构造,更重要的一方面是随着龄期的延长,混凝土中原生孔隙的发展变化情况。众所周知,混凝土中水泥的水化是从水泥颗粒表面开始并逐渐往内部进行的,随着水化的不断加深,水化速度逐渐降低。根据吉尔茨·赫斯特罗姆(S.Giertz Hedstrom)的资料,水泥与水接触28d以后,实测水泥颗粒水化深度只有4 μm,水化一年以后水化深度也仅为8 μm。按此速度推算,水化13年也仅有粒径小于32 μm 的水泥颗粒能完全水化。只有当水泥颗粒小于50 μm,在普通条件下才有可能完全水化。因此,水泥的水化是长期的,而且水化至一定龄期之后是缓慢进行着的。根据对水蒸气压力的测量,水泥石中毛细孔的直径估计为1.3 μm,随着水泥水化程度的增大,水泥石中固相物质所占比例逐渐增加,即水泥石越来越密实。在水化程度高的密实水泥石中,毛细孔可能被凝胶堵塞而分段隔开,使它们成为只与凝胶孔相连的毛细孔。水灰比适当且长期湿养护的水泥石,可以达到不存在连续毛细孔。

碾压混凝土中掺有较大比例的掺合料(如粉煤灰等),因此原生孔隙率较大。这些掺合料初期水化较少,大部分起微集料的作用。随着龄期的延长,粉煤灰等掺合料的活性才被激发出来,其中的活性二氧化硅、三氧化二铝与水泥的水化产物氢氧化钙发生二次水化反应,生成新的水化产物。这时混凝土内部的原生孔隙结构已形成,新生的水化产物将填充混凝土中的原生孔隙,使毛细孔细化、分段、堵塞。另外,大量的研究表明由于粉煤灰等掺合料的水化消耗了较多的氢氧化钙,生成水化硅酸钙凝胶,填充于氢氧化钙晶体骨架中,可以减少过渡区厚度,提高过渡区密实程度,并有效削弱氢氧化钙产生较大的结晶形成择优取向的趋势。因此,碾压混凝土内部孔隙构造随混凝土龄期的延长变化更大。

随着水泥水化作用的进行,水泥石中毛细孔逐渐被新生成的水化产物所占据,有凝胶孔的水泥凝胶体积比未水化的水泥体积增大1.2倍,因而水化产物充填了被拌和水占的那部分体积,毛细孔体积减小,凝胶孔体积增加。随着龄期的延长,水泥石的孔隙率下降,同时小于500 $\overset{\circ}{A}$ 的毛细孔孔隙率增多,大于500 $\overset{\circ}{A}$ 的大毛细孔孔隙率减少。随着水泥石和混凝土养护龄期的延长,水泥的水化程度提高,水泥石和混凝土的总孔隙率和开口(显)孔隙率都在下降,总孔隙率与开口孔隙率之差(与外界不连通的隐孔隙率)增大,水泥石和混凝土中孔隙的平均孔径下降。

混凝土中的孔隙还可能由于荷载、环境因素使混凝土产生裂缝而发生变化，或者由于渗透水挟带的杂质经过混凝土的渗滤作用而存留于混凝土孔隙中，填塞了孔隙而引起变化。此外，当水中含有对水泥石起侵蚀溶解作用的物质时，渗透水将使混凝土中的孔隙产生不利的变化。

（二）影响碾压混凝土孔结构及其发展情况的因素

混凝土内部孔隙结构受很多因素影响，可分为两大类：第一类为影响混凝土原生孔隙结构的因素，其中以水胶比、掺合料、外加剂等的影响最为显著；第二类是随混凝土龄期的延长而发生的变化。随着水化程度的提高，混凝土中的孔隙会发生变化，随着水的渗透可能发生孔隙堵塞或溶蚀。

1. 水灰比（W/C）或水胶比[W/（C+F）]

混凝土的原生孔隙的形成及发展与混凝土配合比是密切相关的。水灰（胶）比直接影响混凝土的原生孔隙率，水灰（胶）比越大，包围水泥颗粒的水层越厚，一部分拌和水在水泥石中形成相互连通的、无规则的毛细孔系统，使水泥石（硬化胶凝材料结石）的原生孔隙率和混凝土的透水性增大。但在一定的振动能量条件下，过低的水灰（胶）比将导致混凝土的不密实，其渗透性反而增强。

对于高粉煤灰掺量碾压混凝土，由于粉煤灰在水化早期主要起微集料作用，所以早龄期（如28d）的孔结构基本上是由水灰（胶）比决定。随着龄期的延长，粉煤灰的活性得到激发，生成有益的水化产物，它们堵塞、填充毛细孔，从而使混凝土更密实，因而长龄期（90d）碾压混凝土的孔结构受水胶比的影响更大。

很显然，水灰（胶）比越低，孔隙率越小（由孔容反映），大孔所占比例越少，小孔所占比例越大，小于500 $\overset{\circ}{A}$ 的无害孔和少害孔随着水灰（胶）比的下降所占的比例明显增大。

2. 胶凝材料用量（C+F）

对于普通混凝土而言，由于水泥用量较多，因此混凝土的孔隙率主要决定于水泥石的相对含量及孔隙率。在水灰（胶）比一定的情况下，水泥用量越多，混凝土中水泥石所占比例越大，总孔隙率越大。以往的研究表明，对于胶凝材料特别是水泥用量大的碾压混凝土同样遵循上述规律，而对于中等胶凝材料用量的碾压混凝土（C+F为140～170kg/m³），试验结果表明随着胶凝材料用量的增大，孔结构将得到改善。

3. 掺合料的品质及掺量

掺合料的掺入将改变混凝土的渗透性，改变程度将随掺合料的品种、品质及掺量而变化。某些掺合料如火山灰质材料的掺入将改善混凝土的抗渗性，某些掺合料掺量合适时可能使混凝土的早期抗渗性变差而后期抗渗性得到改善。对于使用最多的掺合料粉煤灰而言，由于碾压混凝土中粉煤灰掺量较大，因而粉煤灰的用量波动往往较大，对孔结构的影响差别也较大。一般情况下，在胶凝材料用量相同时，粉煤灰掺量越大，早期混凝土的孔隙率及平均孔径呈递增趋势，随龄期延长，其差距逐渐减少，这主要是因为粉煤灰的活性在后期得到激发所致。粉煤灰质量等级越高，细度越细，早期所起到的填充作用越强，这是决定碾压混凝土早期密实性的关键；而粉煤灰的火山灰活性、化学成分中活性SiO_2、AlO_3含量的高低，是决定碾压混凝土后期结构密实程度以及增长的关键。

4. 外加剂的品种和掺量

减水剂的掺入降低了混凝土拌合物的用水量或降低混凝土的水灰（胶）比，使混凝土的透水性下降。引气剂改变了混凝土内部孔隙构造，形成分散的、不连通的微小气泡，可以明显地提高混凝土的抗渗性能。另外，混凝土密实剂、防水剂等外加剂的掺入对提高混凝土的密实性和抗渗性也有明显的作用。

5. 龄期及养护条件

如前所述，混凝土中水泥的水化是从水泥颗粒表面开始并逐渐往内部进行的。由于碾压混凝土中掺有较大比例的粉煤灰，而粉煤灰初期水化较少，大量的水化产物产生于混凝土铺筑28d之后，这时混凝土内部的原生孔隙结构已形成，新生的水化产物将逐渐填充混凝土中的原生孔隙，使毛细孔细化、分段、堵塞。高粉煤灰掺量碾压混凝土，内部孔隙构造随混凝土龄期的延长而变化更大，且粉煤灰掺量越大，变化越明显。

养护条件对混凝土孔结构发展的影响也是十分明显的。采用水中养护或潮湿养护，可使混凝土的毛细孔空间被吸入的水充满，胶凝材料水化处于优越的条件，得以充分水化，生成较多的水化产物。这对于形成密实的混凝土结构是非常有利的。

（三）压力水渗透过程对碾压混凝土孔结构的改变

渗透水挟带的杂质经过混凝土的渗滤作用可能存留于混凝土孔隙中，填塞孔隙而引起孔隙变化。此外，渗透水将混凝土中的部分物质溶解带走，使混凝土中的孔隙产生变化。

渗透条件（水力梯度、渗透时间、渗透水的化学成分）的不同对碾压混凝土孔结构变化的影响是不同的。研究表明，当水中不存在侵蚀性介质时，在临界水力梯度以下的某一不变水压力作用下，随着渗透时间的增长，碾压混凝土的孔结构逐渐改善，渗透性降低；相反，当水力梯度超过临界水力梯度时，随着渗透时间的延长，混凝土的局部结构发生破坏，渗透性增大。有研究表明，当水压力突然增大时，混凝土的渗透性会突然增强，也就是说，频繁地变化水力梯度将对混凝土的孔结构造成不利的影响。

经过2.8MPa的压力水渗透长达31d之后的LTR配合比碾压混凝土（LTRⅢ-s），其孔隙率有所增大，大孔增加，说明混凝土的孔结构在一定程度上受到破坏。作为防渗层使用且经过2.8MPa的压力水渗透长达50d之后的LTR配合比，碾压混凝土（LTRⅣ-s），其孔隙率不仅不增大，反有所下降，大孔减少，小孔增加，孔隙结构得到一定程度的改善。

第三节 碾压混凝土的性能

一、碾压混凝土的凝结特性

碾压混凝土坝是在研究混凝土重力坝如何快速经济施工的过程中诞生的。为了加快碾压混凝土坝的施工速度并达到经济的目的，结构上加大横缝间距甚至取消横缝；材料上使用低水泥用量、超干硬的混凝土；施工上启用大型通用的土石方施工机械进行大仓面连续上升铺筑。随着高碾压混凝土坝的兴建，铺筑仓面面积不断增大，即使中、低坝，也会遇到由于坝较长而造成铺筑仓面面积较大的情况，这就使每一上升层的混凝土方量不断增加。为了使铺筑上升层间胶结良好，使坝体成为一个整体而不是"千层饼"，必须控制施工层间的间隔时间。初凝以前碾压混凝土中胶凝材料浆体仍处于凝聚结构状态，这种结构具有触变复原的性质。若在下层碾压混凝土拌合物初凝以前铺筑上层碾压混凝土，则在振动碾压作用下，上下层混凝土的交界面处将出现粗骨料相互嵌入，层面处胶凝材料浆受振液化使上下层混凝土成为一体，此时施工层面混凝土性能与层内混凝土性能无差异。当下层碾压混凝土拌合物初凝后延迟一定时间再铺筑上层混凝土，则延迟时间越长，施工层面混凝土与层内混凝土的性能差异越明显。

碾压混凝土施工层间的间隔时间是指铺筑仓面上的拌合物拌和加水至其上层碾压混凝土碾压施工完成所经历的时间。碾压混凝土施工层间允许间隔时间是指两层混凝土之间的层面物理力学性能（如黏结强度、抗剪强度、抗渗性等）满足设计技术要求的层间最大间隔时间。在现场施工时必须控制施工层间间隔时间小于允许间隔时间。为了合理地确定施工现场碾压混凝土层间允许间隔时间，必须研究并解决施工层面碾压混凝土的特性。

（一）胶凝材料浆、砂浆及碾压混凝土拌合物凝结性态的特点

1. 胶凝材料浆、砂浆凝结性态的特点

水泥加水拌和后，最初形成具有可塑性的浆体，然后逐渐变稠并失去塑性但无强度，这一过程称为凝结。根据水泥浆凝结过程中塑性的变化，人们给水泥浆凝结过程的两个特征时间冠以初凝和终凝的概念。水泥浆的塑性开始降低时称为初凝，水泥浆完全失去塑性并开始具有强度时称为终凝，相应自加水拌和时起至初凝所经历的时间称为初凝时间，从加水拌和至水泥浆终凝所经历的时间称为终凝时间。水泥浆终凝以后强度逐渐提高，并变成坚固的石状物体——水泥石，这一过程称为硬化。

一般认为水泥与水拌和后，水泥熟料矿物即开始水化，逐渐生成水化硅酸钙、氢氧化钙、水化硫铝酸钙等水化产物。从水泥水化动力学来看，水泥与水拌和后立即发生水化反应，在初始5min内放热速度急增至最大值，然后迅速降低到$4.187J/(g \cdot h)$以下，这个阶段称为初始快速水化期。初始快速水化期过后，有相当长的一段时间，放热速度小（表示水化反应缓慢），水泥浆的可塑性基本保持不变，这段时间称为诱导期（或称潜伏期、休止期）。诱导期过后，水化反应放热速度又开始增大，对于硅酸盐水泥约在水泥拌水后6~8h放热速度又增至最大值，这一时期称为快速反应期。此后，水泥浆水化进入硬化期，水化放热速度

缓慢下降至4.187J/（g·h）以下。

根据水泥浆结构形成的动力学观点，水泥与水拌和以后的最初几分钟，可以看成以水泥颗粒为分散相，水为连续相构成的分散体系，这是水泥浆的初始结构。由于水泥颗粒在水作用下的分散和水化，在水泥浆中逐步形成了一些细颗粒和胶体尺寸的水化物粒子，因而水泥颗粒及其水化产物形成胶粒，胶粒在表面能的作用下相互吸附凝聚成较大颗粒，构成连续的网状絮凝结构（即凝聚结构）——凝胶。凝聚结构颗粒间相互联结的力主要是范德华分子引力，而且粒子间残留着薄的溶剂化层，因而在外力的作用下，这种结构的破坏具有触变复原的性质，即在外力（如振动）作用下凝聚结构解体、水泥浆的流动性增加，外力除去以后具有缓慢的又恢复凝聚结构的性能，此时的水泥浆在间断外力作用下出现凝胶与溶胶可逆互变的现象。随着水泥与水的不断作用，在单位体积水泥浆中固相粒子的数目、形态、分散度等也不断发生变化，粒子间互相作用的力的大小和性质也随之发生变化。水泥浆的结构在凝聚结构的基础上逐渐向凝聚、结晶结构共存，最终向结晶结构转变。结晶结构的粒子间作用力已不是范德华力，而是化学键力或次化学键力。由于作用力性质的变化，结晶结构被破坏后便不再具有触变复原的性质。水泥浆在硬化以前即凝结期间不同程度地具有触变复原性质，初凝以后触变复原性质逐渐消失[①]。

在现行的水泥技术规范里都是用水泥浆的初凝和终凝时间来描述其凝结过程的特性，而凝结时间是用维卡仪在标准稠度水泥

---

① 张富群.碾压混凝土的凝结特性及施工层面碾压混凝土凝结性态的判断[J]. 广东科技, 2006（3）: 25-27.

浆中沉陷至规定的数值来确定的。很明显，用这种方法来获得的指标对各种水泥只具有相对比较的意义，它没有揭示水泥浆凝结过程的真实规律。

从水泥浆结构形成的动力学观点看，水泥浆的凝结过程伴随着其内部结构特性的变化，水泥浆的凝结时间应当对应于水泥浆结构特性的转变。初凝以前水泥浆的结构是凝聚结构，初凝标志水泥浆开始由凝聚结构向结晶结构转变，终凝以后水泥浆的结构为结晶结构，终凝标志着水泥浆凝聚结构的结束。

A.M.莱威尔（A.M.Neville）指出，水泥浆的凝结过程伴随着其中的温度变化，初凝相当于其温度开始快速上升，终凝相当于温度高峰的出现。R.L.勃莱恩（R.L.Blaine）和L.A.托姆斯（LA.Tomes）等人用量测剪应力作为工作原理的叶片式仪器研究六种水泥的凝结硬化过程，所有六种水泥无论是以净浆还是砂浆作为试样进行试验，都表明剪应力与水化时间的关系可用三段不同斜率的直线表示：第一段斜率最小，从试验开始延续到40~70min，第二段斜率较大，第三段斜率最大。G.L.克劳赛克（G.L.Kalousek）认为，第二段与第三段直线相交的一点有可能与初凝时间相当，将第三段外延至剪应力值为1~2MPa处，则可能求得终凝时间。

不同学者对水泥浆凝结过程的这些研究结果说明，水泥浆凝结过程由凝聚结构向结晶结构转变时对外力的阻抗发生了明显的变化。我们可以利用这一特征判断水泥浆体的初凝时间。

粉煤灰的细度与水泥同属一个数量级。掺粉煤灰的水泥粉煤灰浆仍具有胶体性质。然而该浆体中的粉煤灰表面致密，不像水泥颗粒那样遇水即发生水化，而必须在水泥水化生成的水化产物 $Ca(OH)_2$ 溶液的较长时间作用下，才与其发生反应生成具有胶凝性能的水化产物。水泥粉煤灰浆与同稠度的水泥浆比较，其中的水泥粒子相距较远，水化产物浓度较小，凝聚结构维持时间较长，即初凝时间较长。增大浆体的水胶比，使浆体中胶粒距离增大，胶粒间作用力减小，延长了凝聚结构存在的时间，浆体的初凝时间增长。在胶凝材料浆体中掺入砂子（细骨料），因砂粒表面吸附水分形成一定厚度的水膜层，使胶凝材料浆体实际水胶比下降。此外，砂子颗粒表面起着便于晶胚形成的基底作用，使水泥的水化产物在其上结晶，从而促进胶凝材料中水泥的水化，故此时砂浆的初凝时间比未加入砂子时的胶凝材料浆体的初凝时间短。在实际工程中，砂浆的水胶比往往比净浆的水胶比大，故一般情况下砂浆的初凝时间大于净浆的初凝时间。

对水泥浆以及不同工程使用的碾压混凝土砂浆进行的凝结过程性态特点的试验结果均表明，水泥浆和砂浆凝结过程对外力的阻抗存在明显的转折点。根据水泥浆及胶凝材料浆凝结过程结构的变化和大量试验结果，可以认为转折点对应的时间即为初凝时间。

2. 碾压混凝土拌合物凝结性态的特点

在胶凝材料浆中掺入砂石骨料形成混凝土拌合物，由于骨料吸附水分及对水泥水化产物晶胚的形成起着基底作用，因而促进胶凝材料浆的凝结，缩短了初凝时间。然而，混凝土拌合物的胶凝材料浆体内部结构形成所经历的过程应该与胶凝材料净浆内部结构的形成过程一致，其凝结具有相同的特点，即在凝结过程中对外力的阻抗存在转折点，转折点对应的时间可视为混凝土拌合物的初凝时间。从混凝土拌合物中筛取矿浆（或按碾压混凝土拌合物中的砂浆配合比配制砂浆）测得的初凝时间即为该拌合物的初凝时间。用碾压混凝土中砂浆的凝结过程判断对应碾压混凝土拌合物的凝结性态毕竟是间接的，直接的方法应该用碾压混凝土拌合物作试样。碾压混凝土拌合物的凝结性态特点与胶凝材料的凝结性态特点和胶凝材料浆、砂浆的凝结性态特点相同，贯入阻力—历时关系曲线上都有一个转折点，该点对应的时间应该是碾压混凝土拌合物的初凝时间。

（二）配合比及环境条件对碾压混凝土凝结特性的影响

配合比不同的碾压混凝土，其凝结过程是不相同的。环境条件包括温度、相对湿度及混凝土拌合物表面附近的风速等，它们对碾压混凝土拌合物的凝结过程有明显的影响。

1. 碾压混凝土配合比对其凝结特性的影响

配合比不同的碾压混凝土，其凝结过程是不相同的。配合比影响碾压混凝土凝结时间的主要因素有水胶比、外加剂品种及掺量、掺合料品种及掺量等。在通常情况下，水胶比越大，凝结时间越长；外加剂已成为碾压混凝土的组成材料之一。由于碾压混凝土胶凝材料用量相对较少，且采用大面积连续铺筑，因此，须掺入缓凝型减水剂，对夏季高温条件和特大仓面施工还应掺入超缓凝型减水剂，以延长其凝结时间，满足层间间隔的需要。目前，用于碾压混凝土中的掺合料主要有粉煤灰、火山灰、磷矿渣等。一般粉煤灰的掺入具有延长碾压混凝土凝结时间的作用，而火山灰却可能缩短凝结时间。

2. 环境温度对碾压混凝土凝结特性的影响

环境温度是影响混凝土拌合物初凝时间的主要因素之一。环境温度的变化改变了混凝土温度，从而影响胶凝材料的水化速度，也影响混凝土拌合物与空气的湿度交换。当其他环境条件不变时，拌合物的初凝时间随环境温度的升高而缩短。混凝土拌合物的初凝时间与环境温度之间呈对数曲线关系。不同配合比的混凝土拌合物的初凝时间—温度关系曲线基本保持平行，说明环境温度对不同配合比混凝土拌合物初凝时间的影响效果基本相同。

3. 环境相对湿度对碾压混凝土凝结特性的影响

环境的相对湿度也是影响混凝土初凝时间的主要因素之一。相对湿度较大时，混凝土拌合物中的水分蒸发损失量较小（甚至反过来得到补充），此时混凝土拌合物的初凝时间较长。相反，当拌合物周围相对湿度较低时，拌合物中所含水分蒸发较快，拌合物的初凝时间明显缩短。研究表明，混凝土拌合物的初凝时间与环境相对湿度之间呈线性关系，即随着环境相对湿度的增大，拌合物初凝时间成比例延长。环境相对湿度对不同配合比的混凝土拌合物初凝时间的影响基本相同。

4. 环境风速对碾压混凝土凝结特性的影响

混凝土拌合物表面附近的风速对拌合物初凝时间的影响主要在于风改变了混凝土拌合物表面附近的相对湿度和水分交换。此外，风速对混凝土拌合物表面温度也产生一定影响。当环境相对湿度较大（如大于90%）时，风速对拌合物初凝时间影响不大；但当相对湿度较小时，风速对拌合物初凝时间的影响显著。因为当环境相对湿度与混凝土孔隙中空气的相对湿度相差不大时，风速大小对水分交换影响较小；但当环境相对湿度较小（即空气较干燥）时，风速大小可明显影响水分的交换速度，进而影响拌合物的初凝时间。在通常的相对湿度（如70%~85%）情况下，拌合物的初凝时间与风速呈线性关系，即风速大拌合物的初凝时间短，相反则长。风速对不同配合比混凝土拌合物初凝时间的影响基本相同。

阳光的照射对混凝土拌合物初凝时间的影响也非常明显。但阳光照射主要反映在改变混凝土拌合物的温度以及空气的相对湿度上，因此，未将其计入影响因素中加以考虑。

（三）碾压混凝土坝施工层面混凝土凝结性态的判断

碾压混凝土施工是在一个受环境条件综合影响的情况下进行的，即使在同天施工，不同施工时段的温度、相对湿度和风速等环境条件也将不同。因而对施工层面碾压混凝土的凝结性态产生不同的影响。此外，各因素之间存在着相互影响的可能性，必须对各影响因素进行综合分析考虑。

1. 碾压混凝土凝结性态的判断设备

既然碾压混凝土拌合物的凝结过程伴随着其内部胶凝材料浆结构的变化，初凝标志着由凝聚结构开始转变为凝聚-结晶结构，那么就有可能用不同的方法感知这种转变，从而判断混凝土拌合物的凝结性态，以确定其初凝时间。声学的、电学的和力学的方法都可以用于感知混凝土拌合物凝结过程中内部结构的变化。但超声波法仪器复杂，现场杂波干扰较大，现场测试难以收到满意效果。电阻法设备虽较简单，但电极的电化学反应对测试结果影响较大。而力学方法对施工层面碾压混凝土凝结性态进行判断较为有效。

力学方法的原理是：碾压混凝土拌合物中胶凝材料浆由凝聚结构向凝聚—结晶结构转变时伴随着混凝土对外力贯入阻抗能力的明显变化。使用电子贯入阻力仪测定拌合物贯入阻力变化，从而判断拌合物的凝结性态，确定初凝时间。电子贯入阻力仪主要由荷重传感器和电子检测显示仪表两部分组成。仪器将荷重传感器检测到的贯入力转化为电信号，经整形放大、A/D转换、译码后以数字形式显示出贯入力大小。仪器贯入深度可以调节，以适应不同使用条件的不同要求。每次贯入达到深度后能准确显示出贯入力（精确度为0.1kg），并可人为地控制显示值的显示时间。仪器质量不足2kg，可以使用直流或交流电源，使用后获得了满意的效果。

2. 碾压混凝土凝结性态判断方法

直接用机械贯入方法研究碾压混凝土拌合物的凝结性态遇到的难题是贯入时易受粗骨料阻挡使测试结果分散性大。贯入越深，贯入针碰到粗骨料的可能性越大。那么，能否减小贯入深度、避免碰到粗骨料的可能性？经研究认为影响上下层碾压混凝土胶结质量的关键是表层10~20mm，该层混凝土受到阳光、温度、湿度、风速等环境条件的直接影响，因此，铺筑上层混凝土时该层的凝结状态决定了上下层混凝土的胶结质量。贯入10mm

和25mm，贯入阻力大小虽不同，但贯入阻力-历时关系曲线的转折点对应的时间（即初凝时间）基本一致（差别在试验误差允许范围之内），说明贯入深度从25mm改为10mm是可行的。

在碾压完毕的施工层面上进行贯入阻力试验，贯入10mm也有可能碰到粗骨料。预先插探针定位并不影响初凝时间的测试结果，用探针定位避开粗骨料是可行的。

将测定碾压混凝土拌合物的凝结过程贯入阻力—历时关系曲线，从而确定施工层面碾压混凝土初凝时间的方法是：先用$\phi 1.5mm$的探针在碾压密实的混凝土表面上插探孔（孔深15mm）定位，再用电子贯入阻力仪（测针截面积$0.2cm^2$、贯入深度10mm）在选定的位置上进行贯入阻力测定。每次测定10个点，去掉两个最大值和两个最小值，取余下六个测值的平均值作为该时刻混凝土的贯入阻力，从而得到贯入阻力—历时关系曲线。该曲线转折点对应的时间即为施工层面混凝土的初凝时间。初凝时对应存在着一个贯入阻力，若混凝土的贯入阻力低于此值，说明未达到初凝；贯入阻力超过此值，说明混凝土已超过初凝。

二、碾压混凝土的强度特性

与常态混凝土相同，碾压混凝土也是一种复合的多相材料，其内部结构非常复杂。从宏观结构看，可以把碾压混凝土看作骨料分散在胶凝材料基材中的二相材料；从微观结构看，硬化后的胶凝材料浆体是由凝胶、氢氧化钙结晶、未水化的水泥颗粒和掺合料颗粒、凝胶孔、隙、毛细孔及孔隙水、空气等组成。因此，胶凝材料的水化还会延续相当长的时间，尤其是其中掺合料的水化，水分也会在地蒸发留下不少空隙与微细缝。而碾压混凝土的破坏也是由于在外力的作用下内部微裂缝的发生、延伸和扩展造成的。

碾压混凝土的强度分为抗压强度、抗拉强度和抗剪强度三类，且抗压强度>抗剪强度>抗拉强度。由于掺入了大量的掺合料，因此，碾压混凝土强度的发展规律与常态混凝土不同。碾压混凝土早期强度发展慢于常态混凝土，28天后则强度的发展快于常态混凝土。目前在碾压混凝土结构的设计和施工中，有关混凝土的物理力学性能指标及其评定方法，基本上与常态混凝土类似，但碾压混凝土成型方法、配合比选择和组分比例等都和常态混凝土有较大差别，因此，碾压混凝土力学性能的影响因素比常态混凝土更复杂。

（一）碾压混凝土的抗压强度

1. 碾压混凝土的抗压强度概述

抗压强度是碾压混凝土结构设计的重要指标，碾压混凝土配合比设计的重要参数。在现场机口或仓面取样，测定抗压强度，用于评定施工管理水平和验收质量。

目前，碾压混凝土的抗压强度主要有立方体抗压强度、棱柱体抗压强度和圆柱体抗压强度三类。作为强度等级的试件有两种，一种为150mm×150mm×150mm或其他边长的立方体试件，我国和苏联、英国及部分欧洲国家常用；另一种是圆柱体试件，如美国、日本等国用直径为150mm、高度为300mm的试件。

碾压混凝土由于超干硬性，其含浆量比较少、液化困难、粗骨料之间的摩擦阻力也大，仅仅加压对表观密度变化的影响不大，只是增加了颗粒间的相互接触。要使表观密度发生变化，须使其结构体系产生变形，也就是要使粗颗粒克服摩擦阻力产生位移，在静力条件下，这种摩擦阻力是相当大的，但在动力条件下，细颗粒处于颤振状态，粗颗粒得以重新排列，形成稳定密实结构，所以超干硬性混凝土必须使用振动碾压实。在对碾压混凝土的压实机理进行的研究中发现：①碾压混凝土的抗压强度随振动加速度增大而增加，当最大加速度大于$5g$时抗压强度增长逐渐趋于稳定，所以研究碾压混凝土抗压强度的先决条件必须是在振动力作用下使其液化，达到密实表观密度，这样碾压混凝土才具有结构设计要求的强度。②碾压混凝土抗压强度随着振动时间延长而增加，当振动时间超过2倍液化临界时间（3VC）时，抗压强度增长才趋于稳定。③只要碾压混凝土达到充分密实，不论采用何种振实机具成型试件，其抗压强度无显著差异。因此，成型碾压混凝土抗压强度试件的方法，是依据上述研究成果而确定的。

目前各国成型碾压混凝土抗压强度试件采用的振动台多类似维勃试验振动台，只是试件尺寸、表面压荷大小和振动时间长短尚有差异。我国标准试件是边长150mm的立方体试件，所以成型时要筛除大于40mm粒径骨料。

在成型碾压混凝土抗压强度试件时，将拌合物拌均匀后分两层装入试模，插捣次数对边长100mm、150mm的试模分别为15次、25次。插捣时从试模周边开始，螺旋形进行。插捣上层时捣棒应插入下层1~2cm，每层插捣完毕后用平刀顺模边插一遍，将模内拌合物表面整平。当用振动台成型时，试模固定于振动台上，加上套模，放上承压板及压重块（按压强为4 900Pa计算出压重块的总质量），当试件高度为100mm、150mm时，一次加压振动成型，振动时间为拌合物VC值的3倍。成型后的带模试件宜用塑料布遮盖，并移至养护室养护24～28h后拆模。拆模后的试件仍放于养护室中养护，直至试验龄期。而测定碾压混凝土抗压强度的仪器和方法则与常态混凝土的完全相同。

碾压混凝土成型方法与常态混凝土不同，是加压振动而成，且碾压混凝土的配合比选择和组分比例也和普通常态混凝土有较大差别。因此，影响碾压混凝土的力学性能的因素比常态混凝土更复杂，主要包括密实度、水胶比、胶砂比、砂率、粗骨料的级配与品质、外加剂、粉煤灰品质及掺量、骨料中微粒含量、龄期、层面、养护条件等因素。

2. 密实度的影响

碾压混凝土的密实度，一般以表观密度表示。碾压混凝土的密实与否，直接影响其物理力学性能，即使试验室给出的配合比完全符合要求。如果碾压混凝土的振碾密实度差，抗压强度也会达不到要求。碾压混凝土的抗压强度与表观密度成正比，由此可见，碾压混凝土施工质量的控制要比常态混凝土更加严格。

3. 水胶比对抗压强度的影响

碾压混凝土的抗压强度与常态混凝土一样，在掺合料掺量一定的条件下，随水胶比增大而降低。碾压混凝土的强度与水胶比的倒数成正比关系，水胶比大则强度小，反之则强度高。

4. 水泥品种、强度等级与粉煤灰的品质、掺量对抗压强度的影响

国内外许多试验和工程实践表明，高强度等级的混凝土通常要用高强度等级的水泥配制。但高强度等级的水泥也可配制低强度等级的混凝土。即使采用相同的配合比以及除水泥外相同的其他材料，不同品种的水泥配制出来的混凝土其强度发展的规律也是不一样的，这主要与水泥的矿物成分及其含量有关。

胶凝材料中掺用粉煤灰或其他火山灰质掺合料，实际上相当于降低胶凝材料的强度等级。但是由于粉煤灰等掺合料品质的差异，其变化幅度并不一致。

碾压混凝土中掺入了粉煤灰后，混凝土早期强度较低，且发展缓慢，但后期强度发展较快。品质不同的粉煤灰对碾压混凝土强度发展规律的影响是不一样的。优质粉煤灰比劣质粉煤灰对早期强度产生的影响要小，且强度发展也快。碾压混凝土的早期强度随粉煤灰掺量增大而降低，而后期强度增长率随粉煤灰掺量增大而增大。增加粉煤灰掺量，虽然早期抗压强度有所降低，但对大体积混凝土来说不是很重要，而掺加粉煤灰对改善碾压混凝土的和易性、降低混凝土绝热温升和防止粗骨料分离都是非常重要的。

研究表明：当胶凝材料用量及水胶比一定，粉煤灰掺量较低的情况下（一般低于30%），对碾压混凝土的抗压强度一般不会有很大影响；但当粉煤灰掺量较高时，用等量取代法测其抗压

强度则明显降低，这是因为当粉煤灰掺量过多时，水泥较少，早期强度下降，与粉煤灰进行二次反应的$Ca(OH)_2$的浓度降低，从而影响了粉煤灰的水化反应程度，增大了毛细孔率而降低强度，但其后期强度增长率仍明显高于纯水泥碾压混凝土的强度增长率。

5. 胶凝材料用量及胶空比

对于干贫碾压混凝土来说，其胶凝材料用量及用水量都较少，即水泥浆与砂浆体积比较小，灰浆量不足以填充砂子空隙，当保持水胶比不变而增大胶砂比时，也就是增加胶凝材料用量时，混凝土中灰浆量增加，孔隙率减小，强度也增加。但当胶凝材料用量增至浆体足以包裹骨料颗粒和填充骨料空隙时，则胶凝材料用量多少对强度影响甚微。

混凝土强度来源于砂浆强度、砂浆与粗骨料的胶结力和粗骨料强度。砂浆强度除了受水灰比影响外，还与胶空比有关。胶空比的定义是已水化水泥浆（胶凝材料浆）的体积与已水化水泥浆（胶凝材料浆）和毛细管体积之和的比值。随着胶凝材料的水化，胶凝材料浆体的体积也随之增加，胶空比因之增大，砂浆的抗压强度提高。

6. 砂率的影响

与常态混凝土相似，在砂子的细度模数、胶凝材料用量和水胶比一定的条件下，当砂率过大时，胶凝材料浆体不足以包裹砂粒及填充砂的空隙，而使碾压混凝土的强度降低；当砂率过小时,砂浆量不足以包裹粗骨料的表面及填充粗骨料的空隙,使强度降低。此外砂率过小易造成碾压混凝土粗骨料分离,使质量不均匀而降低强度。因此,碾压混凝土也存在最优砂率问题。

7. 粗骨料对碾压混凝土强度的影响

粗骨料对碾压混凝土强度的影响因素主要有:骨料强度和吸水率、骨料形状和表面状况、骨料粒径和级配。

(1)骨料的强度和吸水率。碾压混凝土如要求的强度不是很高,骨料可不必要求很坚固,但要求碾压时不致破碎。对混凝土来说骨料并非越坚固越好,因为骨料抑制水泥石的膨胀与收缩可能导致微细刻缝的产生。骨料吸水后的体积变化不利于骨料与水泥石的黏结,可能造成水泥石与骨料界面处形成缺陷。

(2)骨料形状和表面状况。骨料接近球形或立方体形对提高混凝土的强度有利,此时骨料比表面积和空隙率较小,不但节约灰浆,而且可以减少混凝土内部缺陷;针状和片状的骨料在碾压过程中易于破碎。此外,在扁平骨料下面,由空穴或积水形成质量薄弱的区域,这些都对混凝土强度造成影响。用表面较粗糙的骨料拌制的混凝土强度优于用表面较光滑的骨料拌制的混凝土,工程上用人工骨料拌制的混凝土,强度高于用天然骨料拌制的混凝土强度正是这个道理。

(3)骨料的粒径和级配。碾压混凝土的表观密度随着骨料最大粒径的增大而增加,而碾压混凝土的强度一般随表观密度的增大而增大,故增大粗骨料的最大粒径将使碾压混凝土的强度提高。研究证明:在给定的VC值和粉煤灰掺量以及强度条件下,碾压混凝土像常态混凝土一样随着粗骨料最大粒径的增大，骨料间的空隙率和骨料的总表面积相应减少，因而减少了水泥用量。若保持水泥用量不变，则可使混凝土强度提高。但增大粗骨料最大粒径易造成拌合物中粗骨料的分离，降低混凝土的均质性，而且粗骨料与硬化胶凝材料浆界面黏结是混凝土强度的薄弱环节，在一定荷载作用下，界面裂缝首先在较大粒径粗骨料的界面上产生，从而诱发混凝土破坏。根据国内外工程实践经验，碾压混凝土骨料的最大粒径控制在80mm比较合适。

混凝土粗骨料理想的级配应当是空隙率最小，表面积也最小，但这两者往往不可兼得，只能说根据各种施工条件，选择相适应的良好级配。粗骨料的级配应当是兼顾到空隙率和表面积都较小的条件下，着重考虑其抗分离能力，使各分级骨料的比例差距不要过大。如果粗骨料产生分离，由于超干硬性混凝土在振碾过程中对粗骨料位移自行调整的能力较差，不可避免地将产生孔洞和空隙，严重影响混凝土的抗压强度和其他性能。

8. 外加剂

碾压混凝土中加入减水剂，当胶凝材料用量不变时可降低碾压混凝土稠度；如果保持碾压混凝土稠度不变，相应减少用水量，即减小水胶比，则碾压混凝土抗压强度提高。碾压混凝土中掺加缓凝剂，实际上是延缓了混凝土的凝结硬化，使其早期强度较低，发展也较慢，但到了后期，则强度恢复正常，达到不掺缓凝剂的混凝土强度。试验研究结果表明：保持同样稠度，掺加引气剂可减少碾压混凝土用水量，如果水胶比不变，则可节省胶凝材料，含气量越大，节省越多，但抗压强度随着含气量增加而降低。若保持碾压混凝土稠度和胶凝材料用量不变，掺加引气剂不但提高了碾压混凝土的耐久性，而且改善了和易性。但掺加引气剂的碾压混凝土应严格控制含气量，否则会因含气量过大，使抗压强度过度下降。

9. 骨料中细粉含量对强度的影响

在配合比不变的情况下，用石粉、粉煤灰等量代替部分砂子可使混凝土的强度提高。研究表明，在一般配合比的基础上用磨细粉煤灰代替少量的砂拌制碾压混凝土，在拌合物VC值基本保持不变的条件下，混凝土的抗压强度有显著的提高。这是因为细粉的增加使砂粒间空隙减少，灰浆富余率相对增大，改善了混凝土的和易性，使混凝土易于振实；作为粉煤灰，它不仅起到石粉的填充作用，而且它本身是活性材料，能与$Ca(OH)_2$发生二次水化反应，增加密实度；增加粉煤灰相应降低了水胶比和砂率以及使混凝土黏性增大，减少了混凝土的骨料分离，故混凝土的强度增加。

在给定的原材料及配合比的条件下，碾压混凝土的抗压强度还随砂中含粉率（含粉率是指砂中<0.16mm粒径的砂粉的含量）的不同而变化，存在最佳含粉率。在碾压混凝土中，胶凝材料浆体的作用也是填充砂的空隙并包裹砂颗粒表面，砂浆填充石子空隙并包裹其表面。但碾压混凝土为干贫混凝土，其胶凝材料及水的用量较少，胶凝材料浆体满足不了填充空隙及包裹表面的需要，使碾压混凝土强度降低，表观密度减小。当砂中含粉量增加时，由于粉的颗粒较细，与粉煤灰相当，粉粒在砂浆中能够和胶凝材料及水共同起到填充空隙、包裹砂料的作用，即相当于增加

了胶凝材料浆体，满足了填充空隙及包裹表面的需要，使碾压混凝土孔隙率减小，表观密度增大，强度提高。当含粉率过大时，灰粉浆体强度下降，则碾压混凝土强度也降低。

10. 养护条件及龄期对抗压强度的影响

碾压混凝土拌合物用水量较少，在施工过程中需要保持施工层面湿润以保证层面的良好结合，在碾压混凝土硬化以后，亦应和常态混凝土一样，保持适当的温度和湿度，以保证水泥水化的持续正常进行。研究发现：试件成型以后的养护温度对强度有很大影响，低温养护会使混凝土初期强度大幅度下降，而且粉煤灰掺量越大，下降越厉害。同样，持续低温对后期强度也有很大影响，大田坑口坝试验发现，10℃以下水中养护的碾压混凝土试件，90d龄期27组试件的平均强度只有12.3MPa，而相同配合比试件标准养护强度可达19.8MPa；日本大川坝施工中，进行低温（-1℃~1℃）养护试验，91d试件强度仅为标准养护试件强度的66%。但低温养护后，若给予一定时期的标准养护，碾压混凝土仍可赶上一直处于标准养护的试件强度。

由于环境湿度低而导致混凝土拌合物内水分蒸发，将使拌合物内水胶比过分降低，水泥及粉煤灰不能充分进行水化反应，必将导致混凝土强度的降低。

虽然碾压混凝土和常态混凝土的抗压强度都随着龄期的延长而增大，但由于两种类型的混凝土所用原材料及配合比有一定的差异，故其强度发展规律也不相同。研究表明，随着龄期的增加，碾压混凝土抗压强度的相对值逐渐增大（即抗压强度随龄期的延长而增大）；随着粉煤灰掺量的增大，7d龄期抗压强度的相对值逐渐减小，而90d龄期的抗压强度的相对值则逐渐增大。这是由于胶凝材料中的粉煤灰早期水化反应较慢，到了28d以后，粉煤灰的二次水化反应逐渐加快，从而促进了强度的增长。28d后碾压混凝土抗压强度增长率明显高于常态混凝土。当粉煤灰掺量大于50%时，碾压混凝土7d龄期的相对值低于用普通硅酸盐水泥拌制的常态混凝土，目前许多工程所用碾压混凝土所掺粉煤灰一般都超过50%，因此，可以说碾压混凝土早期强度发展比用普通硅酸盐水泥拌制的常态混凝土慢，但后期（28d以后）碾压混凝土的强度发展比常态混凝土快。这正是碾压混凝土相对于常态混凝土的一个重要特性。

碾压混凝土抗压强度随着粉煤灰掺量增加，后期抗压强度增长比率也增大。粉煤灰掺量大者，90d龄期以后强度增长的幅度也越大。岩滩工程围堰混凝土中，粉煤灰的掺量占胶凝材料用量的70%。在对其长龄期性能的研究中发现，90d龄期的碾压混凝土抗压强度相当于28d龄期混凝土抗压强度的2.25倍，龄期5年至9年期间，混凝土抗压强度增长了33.9%，8年至9年期间，抗压强度还增长了3.4%。

11. 试件成型条件的影响

研究表明，随着成型振动时间的延长，碾压混凝土的抗压强度有所增加，但是振动时间过长则混凝土强度反而降低。因为若振动时间超过VC值太多，则骨料分离，灰浆析出过多，造成内部灰浆减少，孔缝增多，因而胶结强度降低。一般要求振动时间在2VC~3VC之间为宜。

在一定的振实条件下，随着表面压强的增加，抗压强度也相应增大，当表面压强增加到一定程度后，抗压强度则增加甚微，但若过分增加表面压强，则振动成型时压块跳跃，拌合物反而没有得到振实，致使混凝土强度降低。

在碾压混凝土成型时使用振动台的振动频率和振幅对混凝土的强度均产生影响，采用高一些的频率进行振动，可使水泥颗粒产生较大的相对运动，使其凝聚结构解体而液化，这对提高碾压混凝土的密实性有利。而振幅的增大也能使碾压混凝土的强度提高，这是因为振幅增大使拌合物的液化作用增强之故，但过大的振幅将使拌合物产生跳跃而掺气，不利于振实。

12. 层面对碾压混凝土抗压强度的影响

碾压混凝土的层面若处理不好将是一个薄弱面。它的存在削弱了碾压混凝土的各项强度指标。研究表明，薄弱面的存在降低了碾压混凝土的抗压强度。但在有层面的试件中，层面间隔时间短的比间隔时间长的抗压强度高；层面经过处理的抗压强度比不处理的高。层面处理方式对试件抗压强度有影响。尽管如此，经层面处理后试件的平均抗压强度、平均劈拉强度仍比碾压混凝土本体低。

13. 湿筛及试件尺寸对混凝土强度的影响

碾压混凝土最大骨料粒径一般采用80mm，而室内抗压强度测试所用标准试件规定为150mm×150mm×150mm的立方体，只允许小于40mm粒径的骨料成型试件，因此，应将大于40mm的骨料筛除，湿筛后的混凝土强度与原状混凝土强度大小是不一样的。研究表明，经过湿筛后，使骨料的骨架作用减少，从而使28d龄期的强度比原状混凝土低（试件尺寸一样）。这与机口取样湿筛的室内成型试块比现场芯样原状混凝土的强度略低相吻合。

碾压混凝土试件强度同样存在着尺寸效应，用不经湿筛的三级配碾压混凝土拌合物成型的300mm×300mm×300mm试件的抗压强度低于经过湿筛的150mm×150mm×150mm标准试件强度。

（二）碾压混凝土的抗拉强度

与常态混凝土相同，测定碾压混凝土抗拉强度的方法可用轴心抗拉法和劈裂法。轴心抗拉试验比较麻烦，且试件缺陷或加荷时有很小的偏心就会严重影响试验结果，致使试验结果离散性较大，故一般多采用劈裂法对比抗压强度，混凝土的抗拉强度一般不为人们所重视，因为有抗拉要求的混凝土构件多配有钢筋，而且轴拉强度试验较抗压强度试验难做，其准确度也不如抗压强度试验高，拉压比变化幅度也较大。一般劈拉强度为抗压强度的1/13~1/9，轴拉强度为抗压强度的1/15~1/6。

1. 影响抗拉强度的因素

影响碾压混凝土抗压强度的因素同样是影响抗拉强度的因素，只在影响程度上存在差异。这些因素主要有：水胶比、粉煤灰掺量、骨料组分及平均粒径、砂浆表观密度、龄期及层面等。

（1）水胶比和粉煤灰掺量的影响

不同粉煤灰掺量的碾压混凝土轴向抗拉强度皆随水胶比增大而减小。当水胶比相同时，随着粉煤灰掺量增加碾压混凝土的轴向抗拉强度降低,水胶比小时降低的比率比水胶比大时低。

当抗压强度相同时,碾压混凝土的抗拉强度随粉煤灰的掺量增加而增高,这将使碾压混凝土的抗裂性得到改善。

(2)骨料组分及平均粒径对抗拉强度的影响

当水泥浆体一定时,随着骨料体积由0增至20%,混凝土的抗拉强度逐渐降低,自此以后随着骨料体积的增加,抗拉强度也随之增加。

碾压混凝土的灰浆量在15%~20%之间,骨料体积达80%~85%。从这一点来说,碾压混凝土的抗拉强度大于一般常态混凝土。但是,混凝土的抗拉强度随着粗骨料最大粒径的增加,虽然增加了骨料体积组分,而抗拉强度却下降了。其主要原因是粗骨料的界面结合随着骨料粒径的增大,因泌水、振捣不实等产生的薄弱面也随之增加,因而降低了抗拉强度。

碾压混凝土的砂率比常态混凝土大,而骨料平均粒径小。在骨料最大粒径及其他条件相同的情况下,碾压混凝土的抗拉能力大于常态混凝土。

(3)砂浆表观密度对抗拉强度的影响

碾压混凝土的密实度对抗拉强度的影响甚于对抗压强度的影响,有的资料曾提到,因贫混凝土的不密实,表观密度降低2.5%,而抗拉强度降低28%,也就是表观密度降低1%,抗拉强度降低11%。一般对碾压混凝土的质量优劣,多注重粗骨料之间有无空隙,对灰浆是否填满砂浆空隙却不太重视,实际两者均不容忽视。

而后者对粗骨料来说是母体，更应注意。根据英国M.R.H.邓斯坦（M.R.H.Dunstan）提出的砂浆表观密度与灰浆/砂浆比的关系，当灰浆与砂浆比达到0.40~0.44时，其表观密度可达到理论表观密度的98%~99%。

（4）龄期对抗拉强度的影响

碾压混凝土的抗拉强度随龄期的增长规律与抗压强度大致相似。通过对国内部分工程的研究分析得出，碾压混凝土抗拉强度与抗压强度一样，随着龄期的延长而增加。粉煤灰掺量越大，抗拉强度早期发展越慢，而后期发展则越快；碾压混凝土的抗拉强度后期增长率高于抗压强度的后期增长率。不掺粉煤灰的碾压混凝土龄期28d以后，轴向抗拉强度增长缓慢；掺粉煤灰的碾压混凝土，后期增长速率较快，有可能超过不掺粉煤灰的碾压混凝土。这是因为粉煤灰中含有相当数量的玻璃微珠，其表面比较致密，不易水化，到了28d龄期时略有凝胶状水化产物出现，90d龄期以后，微珠表面才产生大量的水化硅酸钙纤维状产物，它们相互交叉连接，形成很高的黏结强度，使粉煤灰颗粒周围构成一个有较高抗拉韧性的黏结区，同时使硬化胶凝材料浆与骨料的过渡区黏结增强，因而使碾压混凝土的抗拉强度后期有较显著的提高。

（5）层面对抗拉强度的影响

碾压混凝土的层面若处理不好将是一个薄弱面，薄弱面的存在对抗拉强度的影响较对其他强度性能的影响更大。在对碾压混凝土本体进行的抗拉强度试验中，试件破坏的部位一般均为试件最薄弱部位，而在有层面存在的情况下，试件破坏的部位多数为层面。抗拉强度随层间隔时间的延长而降低，说明在碾压混凝土初凝前及时施工完成上层混凝土对提高抗拉强度是非常必要的，对层面进行处理可有效提高抗拉强度，但提高程度随处理方式的不同而有所差异。采用砂浆对层面进行处理优于用净浆进行处理的方式。

2. **碾压混凝土的拉压强度比**

碾压混凝土掺用粉煤灰后，随粉煤灰掺量的提高，混凝土的抗压强度和抗拉强度在早期都有所降低，但对抗拉强度的影响比抗压强度要小。同龄期时，碾压混凝土的轴向抗拉强度随着抗压强度的增加而增加，当抗压强度大于20MPa时，轴向抗拉强度增长比率逐渐降低。在一定抗压强度（10~30MPa）范围内，轴向抗拉强度有随粉煤灰掺量增加而增高的趋势。90d龄期的碾压混凝土与28d龄期的相比其抗拉强度的增长率比抗压强度的增长率大。对于干贫碾压混凝土抗拉强度增长率为130%~180%，高粉煤灰掺量碾压混凝土的为180%~200%。90d龄期以后碾压混凝土抗拉强度增长率明显高于抗压强度增长率。

碾压混凝土的拉压比随水胶比的增大而降低，随龄期的延长而增长，这是因为碾压混凝土后龄期的抗拉强度增长率大于抗压强度的增长率。碾压混凝土早期的拉压比随粉煤灰掺量的增加而降低。这说明粉煤灰的掺入对早期抗拉强度的影响比对早期抗压强度的影响大。

就强度本身而言，碾压混凝土的抗拉强度与抗压强度呈线性关系，而抗拉强度中轴拉强度与劈拉强度也呈线性关系。

(三)碾压混凝土的抗剪强度

对大坝混凝土来说，有时抗剪强度比抗压强度更为设计者所重视，因为它与大坝的抗滑稳定直接相关。但是抗剪强度的测试方法比较复杂，测得的数值波动幅度比较大。一般抗剪强度为抗压强度的1/7~1/4，有的认为是1/5~1/4。影响抗拉强度和抗压强度的因素，同样影响抗剪强度。有层面存在情况下的碾压混凝土抗剪强度，更为人们所重视。

1. 碾压混凝土抗剪强度检测方法

针对混凝土的抗剪强度，许多实验者提出种种测试方案及计算式，现有的混凝土抗剪强度数值波动较大，也与此有一定的关系。《水工碾压混凝土试验规程SL 48-94》中对碾压混凝土抗剪强度试验方法作了规定。

(1) 室内直剪试验

试验目的是测定碾压混凝土及层面的抗剪强度。试验采用直剪仪，包括法向和剪切向的加荷设备。

试件尺寸为150mm×150mm×150mm，养护至要求龄期，进行碾压混凝土本身抗剪强度试验。用于层间结合试验的抗剪试件，分两次成型。第一次称取试件1/2高度所需要的碾压混凝土装入试模，按规定压振密实，并使表面平整，放入养护室养护至要求的间隔时间后，取出试模，按施工要求处理，再成型上半部。试件养护至试验要求龄期进行试验。

(2) 碾压混凝土原位抗剪断试验

试验目的是检测碾压混凝土坝体部位抵抗剪切的性能，以评价碾压混凝土的碾压质量，提供校核坝体抗滑稳定的参数。适用于坝体碾压混凝土、自身、层间结合及混凝土与岩体接触面的原位抗剪强度试验。

试验在碾压混凝土构筑物上选定具有代表性的部位与试验层面，宜在碾压试验施工试验体或坝体顶部若干层面上选定。选定试验区的面积应不小于$2m \times 8m$，试体布置需在同一层面上，数量为5~6块。每块试验体的剪切面积应不小于$500mm \times 500mm$，试验体间净距应不小于试体最小边长的1.5倍，高度则以试验体边长的2/3为宜。在进行试验布置时，施加在试验体面上的水平推力方向与结构受力方向一致。试验体开挖时混凝土的龄期应不少于21d。采用人工挖凿试验区内试验体外围混凝土深度至试验层面，但受水平推力的面下挖深度须至层面以下，开挖后的尺寸误差不大于±2cm，完成开挖后应做好试验体的养护与保护，至规定的试验龄期进行试验。

2. 有层面的碾压混凝土抗剪强度

对于有层面的碾压混凝土，随着层间间隔时间的延长，抗剪断强度也逐渐降低。采用不同的层面结合材料对层面进行处理，层面的抗剪强度不同。层间铺净浆处理方式比层面不处理的碾压混凝土抗剪强度高6.4%~18.6%；而层间铺矿砂浆的碾压混凝土抗剪强度又高于层面铺净浆的。且层面铺砂浆的黏聚力比层面铺净浆的黏聚力大，而摩擦因数小。

研究中采用$200kg/m^3$，$180kg/m^3$，$160kg/m^3$三种胶凝材料用

量。对每一种胶凝材料用量,碾压混凝土层面分别采取不处理、层面铺净浆和层面铺砂浆三种方式,对抗剪强度进行研究。结果表明,胶凝材料用量在200~160kg/m³范围内,对抗剪强度的影响不大。层面铺净浆的抗剪强度比层面不处理的抗剪强度高18%~20%;层面铺砂浆的抗剪强度又略大于层面铺净浆的抗剪强度。但当胶凝材料用量较小时,层面碾压混凝土的抗剪强度随胶凝材料用量的增加而提高。

对有层面的碾压混凝土,养护龄期越长,其抗剪强度越大。在每一个试验龄期内,层面铺净浆的碾压混凝土比层面不处理的碾压混凝土抗剪强度大约高18%。

碾压混凝土的抗剪强度是坝工设计者较为关心的一个参数。连续浇筑的层面或整体的碾压混凝土,如保证施工质量,其抗剪强度不比常态混凝土差,剪压比也在1/4~1/6之间。坝体碾压混凝土施工层面的抗剪强度波动幅度比较大,剪压比一般可达到1/6~1/10。

总之,根据对不同工况碾压混凝土层面抗剪断特性研究得出,无论是室内试验还是现场的原位抗剪断试验,碾压混凝土本体的抗剪强度都高于碾压混凝土层面的抗剪强度;碾压混凝土层面经处理后比不处理的抗剪强度高。层面处理材料不同,层面的抗剪强度也不同。随着层面间隔时间延长,碾压混凝土层面抗剪强度逐渐降低。碾压混凝土胶凝材料用量越大,其层面抗剪强度越高,但当胶凝材料用量超过一定值后,则抗剪强度不再随之增高。随着试验龄期延长,碾压混凝土层面抗剪强度增大,碾压混凝土室内试验的抗剪强度值高于现场试验的抗剪强度值。

第三章
水电站施工技术探究

第一节　水电站厂房的基本类型

一、水电站厂房的功用

水电站厂房的功用是：通过一系列的工程建筑，将水流平顺地引进水轮机并流向下游；将各种机电设备布置于恰当的位置，给它们创造良好的安装、检修及运行条件；为运行管理人员创造良好的工作环境。

二、水电站厂房和厂区的组成

（一）厂区的组成

布置水电站的发电、变电和配电建筑物的区域称为水电站的厂区，主要由水电站厂房、主变压器场、高压开关站和内外交通线路四部分组成。厂区是完成发、变、配电的主体。在水电站设计中，通常将这些建筑物集中布置在一起，故又称为厂房板纽。

水电站厂房包括主厂房和副厂房。安装水轮发电机组的房间称为主厂房，是直接将水能转变为电能的车间，是厂房的主体。为了安装和检修主厂房内的机电设备，需要设置安装间或称装配场。它通常位于主厂房的一端，并成为主厂房的一部分。布置各种机电控制设备和辅助设备的房间，以及运行管理人员的工作和生活用房，统称副厂房，一般围绕主厂房布置。安装升压变压器的地方称为主变压器场，安装高压配电装置的地方称为开关站，它们通常布置在副厂房附近的露天场地上。由于枢纽布置和地形条件的不同，变压器场和开关站可以分开布置，也可连在一起布置。当二者布置在一起时，称为升压变电站，它们的作用是将发电机出线端电压升高至远距离送电所要求的电压，并经调度分配后送向电网。

（二）水电站厂房的组成

1. 按设备组成系统划分

（1）水流系统：是完成将水能转变为机械能的一系列过流设备，包括进水管、主阀（如蝴蝶阀）、水轮机引水室（如蜗壳）、水轮机、尾水管、尾水闸门、尾水渠等。

（2）电流系统：是发电、变电、配电的电气一次回路系统，包括发电机、发电机母线、发电机中性点引出线、发电机电压配电装置（户内开关室）、厂用电系统、主变压器、高压配电装置（户外开关站）及各种电缆等。

（3）电气控制设备系统。是控制水电站运行的电气设备，包括机旁盘、励磁设备，中控室的各种控制、监测和操作设备，如互感器、表针、继电器、控制电缆、自动装置、通信及调度设备等。

（4）机械控制设备系统：包括水轮机的调速设备以及主阀、减压阀、拦污栅和各种闸门的操作控制设备等。

（5）辅助设备系统：是安装、检修、维护、运行所必需的各种机电辅助设备，包括厂用电系统、油系统、气系统、水系统、起重设备等。

上述五大系统各有其不同的作用和要求，在布置时必须注意它们的相互联系，使其相互协调地发挥作用。

2. 按水电站厂房的结构组成划分

（1）水平面上可分为主机室和装配场。

（2）垂直面上根据工程习惯，主厂房以发电机层楼板面为界分为上部结构和下部结构两部分：①上部结构。包括主机室和装配场（又称安装间），与工业厂房基本上相似。主机室是运行和管理的主要工作场所，水轮发电机组及许多辅助设备都布置在这里；装配场是水电站机电设备到货卸车、拆箱、组装和机组检修时使用的地方。②下部结构。为大体积的整体结构，主要布置水轮机的过流系统。其特点是：尺寸大、结构复杂、防渗要求严格、基础深厚[1]。

三、水电站厂房的类型

（一）地面式厂房

1. 河床式厂房

当水头较低、单机容量又较大时，厂房与整个进水建筑物连

---

[1] 虞少锁，张楠，贺婷婷.水电站地下厂房潮湿成因及除湿策略[J].湖南水利水电，2021（2）：43-46.

成一体，厂房本身起挡水作用，称为河床式厂房。长江干流上的葛洲坝水利枢纽的厂房是目前我国装机容量最大的河床式厂房，浙江的富春江水电站和广西的西津水电站、大化水电站的厂房，也是这种型式。

低水头水电站有时为了泄洪、排沙的需要，为保证足够的溢流宽度和通航要求，可将厂房机组分别装设在溢洪道中加宽的闸墩内，发电机顶部用罩盖住，称为闸墩式厂房或墩内式厂房。黄河上的青铜峡水电站，采用的就是这种型式。这种型式加宽了泄流断面，节省厂房段，但结构复杂，通风和防渗困难。闸墩式厂房属于河床式厂房的一种类型。

低水头水电站有时在机组蜗壳的上方或下方设泄洪、排沙的泄水孔，利用泄流时从孔内射出的水流将厂房下游尾水水体推远，降低尾水位，起到利用射流增加落差的作用。这种厂房称为泄水式厂房，又称为射流增差式厂房，也属于河床式厂房的类型。

2. 坝后式厂房

当水电站水头较高时，建坝挡水，又将厂房紧靠坝布置的，称为坝后式厂房。坝后式厂房又可分为以下几类：

（1）坝后式明厂房。厂房在大坝下游，不起挡水作用，发电用水经坝式进水口沿坝身压力管道进入厂房。黄河上的三门峡、龙羊峡水电站和东北丰满水电站等都属于此种类型。其一般适用于中、高水头的情况。

（2）坝垛式厂房。厂房布置在连拱坝、大头坝或平板坝的支墩之间，适用于中水头的情况。安徽省佛子岭水电站老厂房就采用了这种型式。

（3）溢流式厂房。当河谷狭窄、泄洪量大、机组台数多、地质条件较差、不能采用地下式厂房而又要求保证有一定宽度的溢流段时，将厂房布置在溢流坎下面。厂房顶就是溢流面，称为溢流式厂房。这种型式的厂房结构要求能抵抗高速水流的荷载，溢流面的施工要求平滑，使泄洪时不致发生震动和汽蚀。新安江水电站厂房是我国第一座溢流式厂房，云南漫湾水电站厂房也采用这种型式。其缺点是厂房计算复杂、施工质量要求高。

（4）挑越式厂房。位于峡谷中的高水头大流量水电站，由于河谷狭窄，将厂房布置在挑流鼻坎的后面，在泄洪时高速水流挑越过厂房顶，水舌射落到下游河床中，称为挑越式厂房。贵州乌江渡水电站厂房是我国首次采用这种型式建造的。对于溢流式和挑越式厂房来说，需要妥善处理的问题是厂房的通风、照明、防潮、出线、交通、排水和下游消能及岸坡保护等。

3. 坝内式厂房

当洪水量很大、河谷狭窄时，为减少开挖量，将厂房布置在坝体内，而在坝顶设溢洪道，称为坝内式厂房。江西上犹江水电站厂房是我国第一座坝内式厂房，湖南省凤滩水电站也采用的是坝内式厂房。这种型式的厂房可以充分利用坝体的强度，省掉厂房的混凝土工程量；在施工时，坝内空腔对混凝土的散热和冷却有利；还可利用空腔安排坝基排水，降低扬压力；厂房布置不受下游水位变化的限制。但坝体施工质量要求较高，在施工期拦洪和导流及大坝分期施工与分期蓄水等方面，不如实体重力坝。

4. 河岸式厂房

在引水式和混合式水电站中，水电站厂房通常布置在河道下游的岸边，这种型式的厂房称为河岸式厂房。其适用于中、高水头的情况。

在地面式水电站厂房的不同型式中，河床式、坝后式、坝内式和河岸式是最常用的型式。

（二）地下式厂房

由于受地形、地质条件的限制，在地面上找不到合适位置建造地面式厂房，而地下有良好的地质条件或国防上需要，将厂房布置在地下山岩中，称为地下式厂房。此外，还有厂房部分机组段在地下，部分机组段在地面的半地下式厂房；或厂房上游侧部分嵌入岩壁，下游侧露出地面的窑洞式半地下式厂房；或厂房机组等主要设备布置在地下的竖井中，上部结构和副厂房布置在地面的井式半地下式厂房。对于地下式和半地下式厂房一定要充分考虑厂房的排水、通风、照明、防潮和防噪声等问题。

（三）抽水蓄能电站厂房和潮汐电站厂房

抽水蓄能电站厂房和潮汐电站厂房是近些年来发展较快的两种厂房类型，按厂房结构及厂房在枢纽中的位置分类，抽水蓄能电站厂房和潮汐电站厂房仍可纳入地面式或地下式厂房。但由于其功能与常规水电站有所不同，故在此单独叙述。

1. 抽水蓄能电站厂房

抽水蓄能电站厂房内的机组有水泵和水轮发电机。它是利用电网中夜间负荷低谷时的电力输送给抽水蓄能电站，驱动水泵，将低处下水库的水抽到高处上水库存蓄；当高峰负荷出现时，放水到下水库，冲动水轮机带动发电机发电。当电站发电流量中无天然径流时，装设有这种机组的厂房称为纯抽水蓄能电站厂房。如果在常规水电站厂房内扩建抽水蓄能机组，即当发电流量中有部分天然径流时，称为混合式抽水蓄能电站厂房。抽水蓄能电站若与核电厂及火电厂联网运行，既具有调峰、调相、备用发电等功能，又可填谷，提高整个电网的经济效益。中、低水头时，抽水蓄能电站厂房常采用地面式厂房；高水头大流量时，多采用地下式或半地下式厂房。厂房机组有三机式（每台机组包括发电机兼作电动机、水轮机和水泵三种机器）或二机式可逆机组（每台机组包括发电机兼作电动机和水轮机兼作水泵）两种，每种又可分为立轴和卧轴两类。三机式机组在抽水时，电动机（即发电机）驱动水泵抽水，而将水轮机的活动导叶（或球阀）关闭，利用压缩空气将尾水管中的水位压低，使转轮在空气中运行；当发电时，将联轴器脱开，水轮机带动发电机发电，水泵就不转动。

2. 潮汐电站厂房

利用海水涨落形成的潮汐能发电的电站称为潮汐电站。潮汐电站厂房基本上与河床式厂房相同，厂房内采用贯流式机组。潮汐电站能源可靠，虽有周期性间歇，但具有准确的规律，可经久不息地利用，有计划地并入电网运行；无淹没损失、移民等问题；离用电中心的沿海城市较近；水库内可发展水产养殖、旅游和围垦等，但耗钢量大，单位千瓦的造价较常规水电站昂贵，施工条件复杂，一般需要具有优良地形和地质条件的海湾。

第二节 立式机组地面厂房布置

一、厂房设备布置的主要内容

厂房设备布置的主要内容如下：

（1）确定水轮机、发电机、调速设备、主阀起重设备以及其他辅助设备在厂房内的合理位置、布置形式和支承方式；

（2）确定主、副厂房的布置方式以及主、副厂房与尺寸；

（3）确定主厂房内垂直和水平通道的位置与尺寸；

（4）提供设备布置的图纸和数据以供设备安装与厂房结构设计使用。

二、厂房设备布置的基本要求

厂房设备布置的基本要求如下：

（1）必须结合水电站枢纽的地形、地质条件、自然环境和水工建筑物在布置上的特点等，尽量减少土建工程量，使总造价经济合理；

（2）设备布置紧凑，位置合理，便于安装、运行、检修和操作管理，尽量减少安装工程量；

（3）能满足劳动保护、遥控、防空等特殊要求，以及防火、防淹、防潮等要求，并能适应水电站分期建设和提前发电的需要；

（4）应能满足水工结构和建筑的施工方面的要求，力求布置整齐美观。

三、立式机组地面厂房的结构轮廓

（一）主厂房的总体轮廓

主厂房中布置有许多机电设备，由于各种设备安装高程不同而将厂房在高度上分成几层。习惯上以发电机层楼板高程为界，将厂房分为上部结构和下部结构。上下部结构高度之和（即由尾水管基底至屋顶的高度）就是主厂房的总高度。连接各机组中心的线称为主厂房的纵轴线，与之垂直的机组中心线称为横轴线。每台机组在纵轴线上所占的范围为一个机组段，各机组段和安装间长度的总和，就是厂房的总长度，厂房在横轴线上所占的范围，就是主厂房的宽度[①]。

（二）主厂房的上部结构

上部结构包括屋顶结构、围墙、门窗、楼板、吊车梁以及支承屋顶结构和吊车梁的排架柱等，水电站中多为钢筋混凝土结构。主厂房发电机层楼板以上布置有发电机上机架、励磁机、机旁盘、调速器操作柜和油压装置、桥式吊车等机电设备及走道、

[①] 周武，陈春艳.浩口水电站地面厂房免装修施工技术及应用[J].四川水利，2018，39（6）：76-78.

楼梯、吊物孔等厂内交通设施。安装间一般位于主厂房的一端，进厂大门设于安装间，对外可与进厂公路相连接，有时还铺设有变压器进厂轨道以利于变压器进厂检修。

（三）主厂房的下部结构

下部结构一般可分为水轮机层和蜗壳尾水管层。如水轮机层高度较大，可在发电机层与水轮机层之间增设发电机出线层。水轮机层以下是混凝土块体结构。

（1）水轮机层。该层布置有水轮机顶盖，调速器的接力器、发电机机墩、蜗壳进入孔、油、水、气系统和电缆等，左端布置有低压空压机、贮气筒、楼梯等，右端布置有油库、油处理室、楼梯等。上游侧为蝴蝶阀室、走廊和母线道。

（2）蜗壳尾水管层。水轮机层以下一般都是埋设蜗壳和尾水管的混凝土块体结构，但有时为了运行上的需要常在尾水管上游侧的空间布置进入孔和主阀室，如果这部分空间较大，则形成蜗壳尾水管层。在上游侧布置有蝶阀、油压装置、蝶阀基础、楼梯等。

（3）基础结构。它是整个厂房和地基连接的部分，作用在厂房上的所有荷载都将由基础传给地基。厂房必须建造在坚固可靠的地基上，且对于不同的地基采用不同的地下轮廓线。

厂房的下部结构是混凝土块体结构，体积比较庞大，基础开挖和工程量都比较大，并且在下部结构中，埋设部件很多，使施工变得复杂，施工过程必须特别注意。

四、立式机组地面厂房的设备布置

(一) 水轮机及其进出水设备的布置

水轮机及其进出水的设备包括水轮机和进水口、主阀、蜗壳、尾水管、尾水闸门等。这些设备都布置在水轮机层以下的块体结构中,其中以水轮机、蜗壳、尾水管对厂房下部块体的形状和尺寸的影响最大。

1. 水轮机的布置

水轮机选定之后,水轮机的安装高程是厂房的一个控制性标高,应通过计算确定。

2. 进水管和主阀的布置

进水管进入厂房后,应有一定水平段,以便布置主阀和与蜗壳连接。此水平管段的中心线高程应与水轮机安装高程相同。

主阀的布置方式一般有以下两种形式:

(1) 主厂房内的上游侧,并使之位于桥吊工作范围之内。阀上各层楼板都设有主阀吊物孔,可利用主厂房内的桥式吊车来安装和检修主阀。这种布置比较紧凑,运行管理方便,但往往会增加厂房宽度,并且万一主阀爆裂,水流会淹没主厂房。所以主阀必须十分安全可靠。

(2) 厂房外专设的阀室中。对于高水头的地下厂房,或在特殊的情况下才采用,此时主阀的运输、安装、检修需专设起重运输设备和通道，也不便于运行维护。当采用这种布置时，主阀室要设置专门的水流出口，在主阀爆裂时可将水流排走，以免对主厂房造成危险。

3. 蜗壳的布置

中、高水头水电站厂房内的混流式水轮机一般均采用金属蜗壳。金属蜗壳的内圈焊接在座环的上、下环上，上半部通常用弹性垫层与上面的混凝土隔开。为了在检修水轮机时能将蜗壳和主阀后面进水管中的水放空，通常在紧靠主阀下游钢管的底部装设通往尾水管或集水井的排水管，并装设控制阀门。同时，在进水钢管的顶部还应安装通气阀，以便于在蜗壳和钢管放空或充水时，能自动进气和排气。蜗壳进入孔一般可设在主阀下游进水钢管处，也可从水轮机层向下用垂直孔洞连通一水平短洞进入蜗壳。

低水头的水电站厂房，可采用钢筋混凝土蜗壳，放空蜗壳和引水管的排水管，常设在进口处底部并通向尾水管。蜗壳进入孔多设在前半段。

4. 减压阀的布置

高水头水电站在厂房下部块体中，有时要装设减压阀，以减小水锤压力。一般安装在压力水管末端的蜗壳旁边。当厂房内装设有减压阀时，机组段长度和厂房的总长度会增加。

5. 尾水管和尾水闸门的布置

一般大、中型水电站中，大多数采用弯曲形尾水管；小型水电站中才采用直锥形尾水管。尾水管在布置时，可使直锥段的顶端与水轮机的基础环相接，尾水管出口潜没于尾水中。为了检修水轮机，还需要设置尾水管进入孔和排水管。进入孔一般设在尾水管的直锥段，当上游有主阀室时，尾水管进入孔可设在该处，由主阀室进入尾水管。如电站没有主阀室（例如，坝后式水电站厂房中，上游端一般不设主阀），则进入孔可布置在下游侧，由水轮机层沿竖井下至尾水管进入孔高程后，再水平进入尾水管。

尾水管的排水管进口应设在尾水管的最低点。末端通入集水井，排水管上应设控制阀门。

当检修水轮机或机组作调相运行时，用尾水闸门封闭尾水管出口。尾水闸门常用平板闸门和叠梁闸门等，可数台机组共用一套闸门，平时将闸门存入专设的门库中或放置在尾水闸墩上，运用时沿尾水平台吊到指定地点。尾水闸门启闭机的型式，可根据起重量的大小选择门式起重机、桥式吊车、活动绞车或电动葫芦等。

（二）主厂房内附属设备和辅助设备的布置

水轮机的附属设备有调速器、油压装置、接力器和减压阀等，发电机的附属设备有主引出线、中性点设备、励磁系统、机旁盘和发电机的冷却设备等，厂房辅助设备有压缩空气系统、油系统和水系统等。

1. 水轮机附属设备——调速器的布置

调速器由操作柜、油压装置和接力器（或称作用筒）三个主要部分组成，并用油管和传动设备联成一体。操作柜在布置时应尽量靠近接力器，以缩短油管，并便于安排回复装置。同时，操作柜应尽可能靠近机旁盘，使值班人员在操作柜旁能通视机旁盘上的各种仪表，以便在开机或停机以及试验时进行手动操作。而油压装置应尽可能地靠近操作柜，并布置在同一高程，以缩短油管。

接力器的作用是直接控制水轮机导叶开度。调节进入水轮机的流量，以保持机组转速稳定，一般布置在蜗壳断面较小的上游侧，固定在机墩的孔洞中。

操作柜和油压装置均应布置在桥式吊车吊钩的工作范围之内，周围还应留1m左右的通道，以便安装、检修。通常都是一台机组设有一套调速设备，且应尽量布置在本机组段内，以免主机组在分期安装时给施工和安装带来困难。

当厂房上游侧设有蝴蝶阀时，如果油压装置的容量足够，则蝴蝶阀的操作也可以利用它的压力油。否则，应在蝴蝶阀的近旁布置专用的油压操作设备。

2. 发电机的附属设备及其布置

（1）发电机主引出线的布置。主引出线即母线，一般采用方形的汇流铜排或铝排。由于母线价格较贵，故要求在厂房内母线长度最短，并且是明线，没有干扰，出线要畅通，母线道应干燥，且通风散热条件好。主引出线由发电机定子上的引出端接出后，通过主出线道进入母线道，经低压配电装置，最后接主变压器。引出线一般固定在出线层天花板的母线架上，并用铁丝网围护。在引出线上，常接有电压和电流互感器等。中性点的位置应与发电机主引出线位置错开一定角度。容量大的机组在中性点需设消弧线圈，可将它布置在机墩附近。

（2）励磁盘的布置。励磁盘是用于控制和调整发电机励磁电流的，每机有3~5块，它与励磁机联系较多，故最好布置在空气比较干燥的主机房内，或布置在与发电机层同高的副厂房内。

（3）机旁盘的布置。机旁盘一般包括机组自动操作盘、继电保护盘、测量盘和动力盘等，每机3~5块，用来监视和控制机组运行。当采用电气液压调速器时，其电气元件盘常和机旁盘并列布置在一起。机旁盘常布置在发电机层主机的侧旁。对于采用金属蜗壳的中、高水头水电站厂房，机旁盘与调速器操作柜常布置在发电机层上游侧。机旁盘与厂房墙之间应有不小于0.8m的检修试验通道，盘面与发电机风道盖板边缘或吊物孔边缘之间应有0.6~0.8m的通道，以便在机组或主阀检修时，盘前仍可通行。

3. 压缩空气系统

水电站上有许多设备使用压缩空气。为了向这些设备供应压缩空气需设压缩空气系统。压缩空气系统可分为高压和低压气系统。油压装置和高压空气断路器用气属高压气系统，一般为25个大气压（2.53MPa）；其他用气设备属低压气系统，一般为5~7个大气压（0.5~0.7MPa）。压气系统设备包括高、低压空压机、贮气桶和相应的输气管及阀门等。压气机工作时噪声很大，故应远离中央控制室。

4. 油系统

水电站上各种机电设备所用的油主要有两种：各种变压器及

油开关等电气设备需要用绝缘油，各种轴承润滑及油压操作用油叫透平油。绝缘油的作用是绝缘、散热及灭弧；透平油的作用是润滑、散热及传递能量。

水电站上要设油系统，油系统一般包括油库、油处理室、中间排油槽、补给油箱、废油槽、事故油槽、油管。

5. 供水系统

水电站厂房供水系统供给生活用水、消防用水及技术用水。供水的方式有上游坝前取水、厂内引水钢管取水、下游水泵取水及地下水源取水四种。各机组的供水管相互联通、互为备用，并可同时供应消防和生活用水。常设水泵自下游抽水作为备用。

6. 排水系统

厂房中的技术用水、生活用水、各种设备及伸缩缝渗漏水，以及检修机组时压力水管、蜗壳、尾水管的放空水量，都需要排往下游。厂房内必须设置排水系统。排水系统包括渗漏排水系统和检修排水系统两部分。

7. 起重设备及其布置

（1）桥吊的任务、构造和工作范围

水电站厂房内的起重设备常用的为电动桥式吊车（桥吊），桥式吊车由大梁（移动桁架式）、小车、驱动操纵机构和提升机构等部分组成。桥吊大梁可在吊车梁的轨道上沿厂房纵向行驶，吊车梁则支承于主厂房上、下游两侧的钢筋混凝土排架柱上。桥吊大梁上的小车又可沿大梁在厂房内横向移动,这样桥吊上的主、副吊钩就可以到达发电机层的绝大部分范围。桥吊大梁、小车移动的极限位置,构成了吊车的工作范围。厂房内所有需要用桥吊来吊运的设备,都必须布置在它的工作范围内。

（2）桥吊的起重量

桥吊的起重量决定于厂房内设备的最重部件。中、高水头的水电站厂房内最重部件一般是带轴的发电机转子,低水头河床式水电站中有时可能是带轴的水轮机转轮；当主变压器需在厂内检修时,主变压器也可能是控制性最重部件。桥吊主钩起重量应能起吊最重部件。副钩主要用于安装和检修一些小而轻的设备与部件。

（3）桥吊的跨度和安装高程

桥吊的跨度是指大梁两端轮子的中心距。在选择时应尽量采用标准系列产品中的标准跨度。起重量确定后,可按标准系列表选用合适的桥吊。在选择桥吊跨度时还要与主厂房下部块体结构的尺寸相适应,使主厂房排架柱直接架立在下部块体结构的一期混凝土上。

桥吊的安装高程是指吊车轨顶高程。桥吊的跨度和安装高程应满足在吊运最大部件时,不影响其他机组和设备的正常运行。吊运部件与周围建筑物和设备之间应留一定安全距离。

（三）安装间的布置

安装间是厂房对外的主要进出口,通常设在靠河岸对外交通方便的厂房一端。运输车辆都能够直接进入，以便利用桥吊装卸设备。安装间又是进行设备安装和检修的场所。它应与主厂房同宽，以便统一装置吊车轨道。安装间面积的大小，决定于安装和检修工作的内容。当机组台数在4台以下时，所需面积按装配或解体大修一台机组考虑。较小及较轻的部件可堆置于发电机层地板上，所以安装间面积通常按能在桥吊主、副钩工作范围内放置下机组四大件来考虑。

机组四大件为：①发电机转子带轴。转子要在安装间进行组装和检修，四周要留1~2m的工作场地。当转子放在安装间时，必须将轴竖直固定。轴要穿过地板，所以地板上相应位置要预留大于轴法兰盘的轴孔，并在轴孔下面设置钢筋混凝土的转子承台，承台中预设地脚螺栓，以固定转子轴，转子承台的高度要满足转子底部距发电机层楼板有1~1.5m的空间。②发电机上机架。重量不大，但占地不小。③水轮机转轮带轴。四周要留出1m的工作场地。④水轮机顶盖。一般情况下安装间的长度等于1~1.5倍机组段长度。

安装间的基础最好坐落在基岩上，若基岩埋藏较深，则可利用开挖的空间布置空压机室、油处理室、水泵室等。

（四）厂房的采光、取暖、通风、防潮、生活卫生及保安与防火等问题

1. 采光

地面厂房应尽可能采用自然采光，在布置主、副厂房时要

考虑开窗的要求。主厂房很高大，自然采光主要靠厂房两侧的大窗，吊车梁以上的窗子主要起通风的作用。大窗开在排架柱之间的墙上，为长方形独立窗。窗宽度不要太小，使照明均匀些。窗的高度一般不小于房间进深的1/4。窗下槛比发电机层地板高出1~2m以下，以保证窗子附近有足够的光线，并便于通风。

夜间及水下部分的房间要安排合适的人工照明。人工照明分为工作照明、事故照明（当交流电源中断时，自动投入直流电照明）、检修照明及警卫照明。中央控制室及主机房要注意不使日光直接照射到仪表盘面上，灯光照明时不能使仪表盘面上产生反光，以保证运行人员能清晰地观察仪表。

2. 取暖

厂房内的温度在冬天不能过低，以保证机电设备的正常运行。冬季如水电站正常发电，则发电机层、出线层、水轮机层、母线道等处靠机电设备发出的热量即可维持必需的温度。发热量不足以维持必需温度的房间，可用电炉取暖。中央控制室也有装设空气调节器的，以便在冬季取暖、在夏季降温。蓄电池室及油系统的取暖方式必须满足防火、防爆的要求。

3. 通风

主、副厂房应尽量采用自然通风。只有在采用自然通风有困难时，或在产生过多热量的房间（如变压器室、配电装置室等），或在产生有害气体的房间（如蓄电池室、油处理室），才装设人工通风设施。通风的要求决定于每小时需换气的次数，各房间的换气次数大致为：主机房3~5次，中央控制室3~4次，电缆层及母线道4~10次，油开关室6次，修理工厂及实验室2次，一般副厂房1.5~2次。对于产生有害气体的房间，要设置专用的排风系统，以免有害气体渗入其他房间。

4. 防潮

地面厂房水下部分的房间要注意防潮，坝内及地下厂房的防潮问题更为重要。过分潮湿可能造成电气设备的短路、误动作及失灵，可能引起机械设备加速锈蚀，并使运行人员的工作条件恶化。防潮的措施主要有以下五项：

（1）防渗防漏。墙壁要防渗，必要时做防渗隔墙；漏水设备要减小滴水量。

（2）伸缩及沉陷缝要加设止水。冷却水管、混凝土墙及岩石表面如果有结露滴水，则要用绝缘材料包扎。

（3）加强排水。已渗漏进厂房的水要迅速排走，不使其存积。

（4）加强通风。以减小空气中的湿度。

（5）局部烘烤。以电炉或红外线烘烤，防止设备受潮。

5. 生活卫生

主、副厂房值班和检修人员比较集中的场所，如主机房、中控室、实验室、修理室等，都应考虑布置一定的更衣室、厕所、浴池、进餐室等生活卫生房间。在这些房间中，除考虑以上几项外，还应设置上下水道及粪污处理设备。

6. 保安与防火

为了保证生产安全，防止坏人破坏，必须在厂房和厂区加强保安措施，从设备、建筑构造以及人事管理、规章制度和安全教育方面加以保证。

防火工作应按专门规程采取措施。如发电机的灭火、高压电气设备的灭弧、变压器的防爆、开关站的防雷、油系统的防火都应特别注意，除从工程布置、结构设计、建筑材料、规章制度方面加以保证外，还应有足够而有效的消防措施。

第三节 地下厂房的布置

由于地形条件的限制等因素，将水电站厂房布置在山岩之中时，就称为地下厂房。

一、地下厂房的优缺点

地下厂房的优点主要表现在以下几方面：

（1）在深峡谷、大泄量的河道内，采用地下厂房有利于水工枢纽的总体布置。主要表现在：①可减少厂房与泄洪建筑物在布置上的矛盾。②厂房可免受泄洪挑流、雾化气浪的影响。③厂房可不受下游高水位的影响而淹没。④有利于施工导流布置，有时施工导流洞可与尾水洞结合。⑤减少厂房与其他水工建筑物在施工上的干扰，有时可提前发电。

（2）地下厂房可以避开不利地形如山岩不稳定区，厂房和压力管道可避免山坡崩坍的危害，以保证运行安全，可节省大量的高边坡开挖。

（3）有可能降低建筑物的工程造价。主要表现在：①地下压力管道可充分利用岩体承载能力以减薄钢衬等衬砌厚度，节省钢材；②引水隧洞建在地下，可使其线路尽可能直线布置，缩短长度，可减少水头损失、工程量和投资，增加电能。③在坚固的岩石条件下，可以利用围岩和喷锚支护代替钢筋混凝土结构承载，降低厂房造价；④运行和检修费用较地面省，使用年限长。

（4）在严寒、酷热或多雨地区，厂房的施工和运行不受气候的影响，可全年施工，有利于缩短工期。

地下厂房的缺点表现在：地下岩石环挖工程量大，施在地下岩石环挖工程最大。施工难度较大；通风、防潮条件差；当地质条件差时，支护费用很大[1]。

二、地下厂房布置方式

因地形、地质条件不同，地下水电站的布置亦不同。根据地下厂房在压力引水发电系统中的位置不同，地下水电站可分为首部式、尾部式和中部式三种典型布置方式。

（一）首部式布置

厂房布置在电站进水口附近，具有短的引水道和长的尾水

---

[1] 霍学平，马震岳，陈婧，等.水电站地面厂房上部结构抗震分析[J].人民黄河，2016，38（8）：95-98.

洞。短的引水道上常可不设上游调压室。水轮机引水管道通常采用单元供水方式，压力管道型式多为竖井或斜井，事故快速闸门设在进水口处。进厂的交通运输洞、出线洞以及通风洞采用竖井。尾水洞较长，若为有压洞，常设有尾水调压室；若下游水位变幅不大，也可采用无压尾水洞而不设尾水调压室。

首部式布置的地下水电站，水头一般不能过高，否则厂房埋深过大，辅助洞可能过长，且运用不便、施工困难。由于厂房靠近水库，要防止在厂房洞室附近产生过大的渗水压力而漏水，甚至危及岩体稳定，所以要求地质条件好，并须做好防渗措施。这种布置方式由于压力引水道短、机组运行条件好，有利于担任系统调频任务。

（二）尾部式布置

厂房位于压力引水系统的尾部，靠近地表，尾水洞较短。这种布置方式不受水头大小的限制，水头可高达数百米甚至千米，应用较广泛。上游有压引水道比尾水洞长得多，一般均设有上游调压室，采用集中供水和分组供水方式。进厂交通洞通常采用平洞，各种辅助洞的长度比较短。尾水洞可不设调压室。当下游水位变幅不大时，也可采用无压洞。我国多数地下式水电站属于这种布置方式。

（三）中部式布置

厂房位于引水系统的中部，厂房上游引水洞和下游尾水洞的长度大体相当。这种布置比首部式适用的水头大，但因引水道在负荷变化时存在压力波动,所以必须同时在厂房的上、下游设置调压室。辅助洞可根据地形条件采用平洞或竖井。

总之,地下厂房采用何种布置方式要因地制宜,结合水电站的水能规划、当地的地形地质、交通运输、出线条件以及施工条件,经过技术经济比较加以确定。

三、地下水电站的枢纽布置

地下水电站的建筑物由引水系统(进水口、压力隧洞、调压井、高压管道、尾水调压室及尾水隧洞)、主副厂房、升压站、开关站及一系列附属洞室组成。主厂房是地下水电站的主体部分。各附属建筑物及洞室都与它相联结,布置上相互联系、相互影响。

在地下厂房的布置中,地质条件往往起主导作用,由于地质构造和地应力状态是复杂的,对每一电站,都要具体分析最大主应力或局部应力以及地质构造对工程的影响。地下建筑物的布置以紧凑、简单与合理为原则,形状要简化,洞室应尽量少一些,并且要注意洞室的间距,避免密度大和交叉复杂而造成大的应力集中。地下厂房的布置有许多区别于地面厂房的特点。

四、地下厂房布置

地下厂房是由主机洞、主变压器洞、压力管道及岔管、洞室、尾水调压室、尾水洞、交通运输洞及其他辅助洞室构成的一组洞群。这些洞室纵横交错,将山岩切割成很多临空面,使围岩稳定问题十分突出。洞室的围岩稳定与以下因素有关:①围岩的物理力学特性。②围岩所处的地质环境，如地应力场、地下水等。③洞室的体型和尺寸大小。④工程因素，如施工开挖方式、支护时间和支护措施等。

在地下厂房的布置设计中，应充分考虑上述因素，从布置方式上改善围岩稳定的条件，现分述如下。

（一）厂房位置的选择

（1）厂房位置应选择在岩性均一完整、强度高、构造单一的岩体内，并有足够的埋藏深度以利于厂房顶拱的稳定。

（2）厂房纵轴的布置方位应考虑岩体的层面、节理等结构面的产状，厂房的纵轴应和这些主要薄弱面垂直或具有较大的夹角。

（3）地应力的大小以及主应力的方向对围岩稳定有重要影响。在层状围岩中，若主压应力方向与层面方向接近，则厂房的纵轴方向与层面的交角一般不宜小于35°。

（4）在深切峡谷边，由于受到地形切割的影响，山体内的地应力主方向发生很大的偏转。在布置地下厂房时，厂房位置除要避开邻近峡谷的卸荷裂隙带外，还应避开地应力集中、转折和易于发生岩爆的地段。

（二）厂房洞型和洞室间距选择

从有利于围岩稳定的角度出发，总是力求缩小厂房的跨度，以及加大洞室间距；然而，从有利于机电设备运行的角度，又总是希望主要机电设备能比较集中,这样又要增大厂房的跨度,缩小洞室间距。在布置中,要合理地处理好水工布置与机电布置的矛盾,如主阀是否放在主厂房内,主变压器室与主厂房的相对位置等,应根据具体情况,慎重分析选定。

1. 厂房洞型选择

地下厂房顶拱,总是做成曲线形以利于稳定。以往常常采用带有拱座的钢筋混凝土顶拱,不仅加大了厂房跨度,而且使拱座处产生应力集中,不利于围岩的稳定。目前倾向于采用无拱座的喷锚支护顶拱。若岩体比较完整坚硬,也可以不做支护或只做局部的喷锚支护措施。

地下厂房的边墙,一般做成直立的,便于施工。在岩体性能较差而水平构造应力又比较大的情况下,采用曲线形边墙或倾斜边墙,均能改善边墙围岩的稳定性。

2. 洞室间距选择

一般在岩性较好的情况下,岩壁厚度要大于主机洞的宽度。当岩壁厚度大于主机室宽度时,洞室之间岩壁的塑性区一般不会贯穿。从机电布置要求而言,在洞室围岩稳定有保证的情况下,应尽量缩短主机洞与主变压器洞之间的距离,以缩短母线的长度。我国白山水电站的主机洞和主变压器洞的净距只有16.5m,仅为主机洞宽度的0.66倍。虽然白山电站洞室围岩是特别好的花岗岩,但分析表明,洞室间岩壁的塑性区仍被贯穿,在两洞之间的岩壁上,用了24组间距为4m×4m的预应力锚索,每一组为

6×7 根 $d4mm$ 的高强钢索,加预应力500kN(约50tf)予以加固。

其他各种附属洞室,如交通运输洞、高压出线洞、通风洞等,在满足功能和尽量缩短长度的基础上,也应尽量避免交叉,扩大洞室间距。洞室出口应布置在边坡稳定地段。

(三)地下厂房的内部布置

地面厂房布置的一般原则,如厂房主要尺寸的拟定条件、运行方便和降低造价等原则,也同样适用于地下厂房。在满足机电设备运行良好的前提下,应尽量缩小厂房内部空间以减少石方开挖,并改善围岩稳定条件。机电设备的尺寸和构造,也应尽量适应缩小厂房洞室尺寸的要求。

地下厂房内部布置可采取如下的措施加以改进。

(1)改进发配电设备型式。采用水内冷发电机和变压器、高压全封闭绝缘组合开关等设备,使设备尺寸减小,从而减小设备所占的地下空间。

(2)改进安装场布置。机组台数较多(如多于4台)时,可将安装场布置在机组中间。由于安装场高程以下岩体可以保留,起支撑边墙的作用,可以减小主厂房高边墙段的连续长度,有利于边墙围岩稳定。地下厂房安装场的布置要适当紧凑,特别是在地质条件差的情况下,因厂房在地下,设计时除考虑放置机组部件外,还应考虑其他安装检修工具设备,并留有适当的通道。

(3)改进副厂房布置。副厂房的位置多位于主厂房的一端，以免增加主厂房的跨度及影响主厂房洞室岩体应力分布和洞室稳定。当机组容量较大时，为避免增加厂房平面尺寸，可充分利用母线洞室和主变压器洞室空间布置低压电器及厂用变压器。中央控制室是电厂运行的总枢纽，应尽量保证通风良好、运行管理方便、安全出口方便、控制电缆短、开挖量小及施工方便。

（四）地下厂房布置需注意解决的问题

地下厂房与地面厂房在机电设备的选择及设计布置方面，内容基本相同。然而地下厂房在布置中还有需要注意解决的特殊问题：

（1）狭窄。由于厂房的跨度、体积力求紧凑，厂房往往为窄长形布置。影响到水下部分辅助设备及联络通道的布置，需要充分利用附属洞室的空间。

（2）防潮。由于地下水渗漏，厂房墙壁及设备潮湿结露，特别当地质条件较差及防渗处理不妥时会产生渗漏水，造成电气设备绝缘水平下降，甚至发生事故，必须加强防潮措施。

（3）通风。由于厂房深埋地下，不能靠自然通风，必须加强通风降温去湿，使设备运转和运行人员的健康不受影响。

（4）照明。地下厂房全为人工照明，必须注意光源选择和保证照明不中断，有充分的事故照明保证。同时，运行人员完全见不到阳光，应设置专门的保健设施。

其他如噪声、防爆、接地等问题，都是地下厂房设计布置时应予以重视的。

第四节 水电站厂房施工

水电站厂房包括主厂房和副厂房两部分，主厂房通常以发电机层为界，分为下部结构和上部结构。下部结构大多数是大体积钢筋混凝土，有尾水管、锥管、蜗壳、机墩等大的孔洞结构；上部结构，中小型厂房为一般钢筋混凝土板、梁、柱、屋架等轻型结构，与工业厂房基本相似。

一、厂房类型对施工的影响

（1）坝后式厂房位于挡水坝之后，厂、坝之间用永久缝分开，厂房可以与大坝分开施工，厂房施工对坝体工期不起控制作用。

（2）河床式厂房，厂房兼作挡水建筑物，该类型厂房因其流量较大，水头较低，常采用钢筋混凝土蜗壳，在确定施工方案时应与大坝统筹考虑。

（3）坝内式厂房，厂房和坝体是一个整体，厂房与大坝施工干扰较大。由于机组安装在厂房封顶后进行，所以二期混凝土施工较为困难。

（4）引水式厂房远离挡水建筑物，厂房、引水和挡水等建筑物可以分别确定施工方案与场地布置，各建筑物施工相互干扰小，但施工线路长。

二、厂房施工特点

水电站厂房根据机组类型，可分为立式机组厂房和卧式机组厂房，立式机组水轮机与发电机是竖向布置的，在竖直方向分为水轮机层、发电机层。卧式机组水轮机与发电机是平行布置的，上部结构即为主机房，下部结构为尾水室，厂房结构较为简单，比立式机组厂房施工简单。本章主要介绍立式机组厂房的施工。其施工特点如下：

（1）地基开挖较深，施工道路布置及基坑排水困难；

（2）厂房下部结构的基础板、尾水管、蜗壳等结构位于水下，尾水管、蜗壳的结构形状复杂，孔洞多、预埋件多，质量要求高，因此，厂房下部结构施工的关键是保证模板的形状及安装精度；

（3）厂房上部结构为大跨度框架结构，模板支撑工作量大；

（4）厂房施工与机电设备安装平行交叉进行，二期混凝土多，精度要求高，施工干扰大；

（5）大型厂房温度控制要求较严。

三、厂房混凝土施工

（一）水电站厂房混凝土浇筑的分层分块

水电站厂房上部结构，是属于板、梁、柱或框架组成的结构，其施工方法与一般的工业厂房基本相同。水电站厂房的下部结构，是介于大体积混凝土和杆件系统之间的结构型式，其尺寸大、孔洞多、受力条件复杂，必须分层分块进行浇筑。合理地分层分块是减小混凝土温度应力、保证工程质量和结构整体性的重要措施。

1. 分层分块原则

（1）根据厂房下部结构的特点、形状及应力情况进行分层分块，避免在应力集中、结构薄弱部位分缝。

（2）分层厚度应根据结构特点和温度控制要求确定。基础约束区一般为1~2m，约束区以上可适当加厚。墩、墙侧面可以散热，分层可适当厚些。

（3）分块面积的大小是根据混凝土的浇筑能力和温度控制要求确定的。块体面积的长宽比不宜过大，一般以小于5∶1为宜。

（4）分层分块应考虑土建施工和设备安装的方便，如尾水管弯管底部应单独分层，以便于模板和钢筋绑扎；又如。在钢蜗壳底部以下1m左右要分层，便于钢蜗壳的安装。

（5）对于可能产生裂缝的薄弱部位，应布置防裂钢筋[①]。

2. 分层分块形式

厂房下部结构分层分块可采用通仓、错缝、预留宽槽、设置封闭块和灌浆缝等形式，其施工方法简述如下：

（1）分层通仓浇筑。即整个厂房段不设纵缝，逐层浇筑。此法可加快施工进度，又有利于结构的整体性。其适用于厂房尺寸不大、混凝土浇筑可安排在低温季节或具有一定的温度控制能

---

①周武，陈春艳.浩口水电站地面厂房免装修施工技术及应用[J].四川水利，2018，39（6）：76-78.

力的厂房施工。

（2）错缝分块浇筑（又称砌砖法）。即上、下层浇筑块相互搭接，相邻浇筑块均匀上升的施工方法。错缝分块长度一般为8~30m，分层厚度2~4m，下层浇筑块的搭接长度一般为浇筑块厚度的1/3~1/2。当采用台阶缝隙施工时，相邻块高差一般不得超过4~5m。在结构较薄弱部位的垂直或水平施工缝，必要时可设置键槽，埋设止浆片及灌浆系统进行灌浆。其适用于混凝土浇筑能力小的大型厂房。

（3）预留宽槽。大型水电站厂房，为加快施工进度，减少施工干扰，可在某些部位设置宽槽，宽槽宽度一般为1m左右，如葛洲坝二江厂房进口底板以下，在进口段与主机段之间，顺坝轴方向预留了宽槽。

（4）设置封闭块。当厂房框架结构顶板的跨度大或者墩体刚度大时，施工期间会出现较大的温度应力，在采取一般温度控制措施仍不能解决时，应增设封闭块。待水化热散发和混凝土体积变形基本结束后，选择适当时间用微膨胀混凝土回填。

（二）水电站厂房施工程序

待一期混凝土的主厂房蜗壳底板和侧墙浇筑后，一方面，进行蜗壳、座环、机坑里衬等设备的安装，完成设备外围及相关部位的二期混凝土浇筑；另一方面，浇筑厂房上下游柱、承重墙、吊车梁、屋顶等结构混凝土，完成厂房桥吊的安装。在上述两方面工作都完成后，可利用桥吊安装水轮机、发电机、调速器等设备。

四、厂房上部结构施工

水电站厂房上部结构类似于一般工业厂房,主要由立柱、吊车梁、联系梁、圈梁、预制屋架、屋面和柱间隔墙组成。下面简单介绍立柱、吊车梁、预制屋架和屋面的施工。

(一)立柱施工

厂房立柱布置在厂房下部结构和混凝土上,并与基础固结。一般在立柱基础混凝土浇筑完成后,应立即浇筑立柱混凝土,以便尽早利用桥吊,完成机组埋件安装和二期混凝土施工。厂房的立柱一般是现场浇筑,其施工顺序是先安装钢筋,后支模板。立柱钢筋应在浇筑厂房下部混凝土时预埋。立柱模板安装后,必须检查其垂直度和模板尺寸,并使模板支撑系统保持一定的刚度、强度和稳定性。混凝土在浇筑时应采用溜筒入仓,分层振捣。立柱施工缝的留设应符合《混凝土结构工程施工及验收规范》的要求。

(二)吊车梁、屋架施工

1. 吊车梁施工

吊车梁一般采用预制。由于吊车梁钢筋较密,所以浇筑的混凝土应采用一级配,最好采用附着式振捣器振捣密实。

吊车梁的安装,大中型厂房可利用一期混凝土浇筑的起重设备。小型厂房可采用履带式起重机,也可采用桅杆式起重机吊装,吊车梁安装校核后,才能与牛腿预埋件焊接固定。

2. 屋架施工

大型或中型水电站厂房屋架，常采用预应力屋架，在厂房附近预制。小型厂房屋架，采用预制薄腹工字梁。由于跨度较大，断面较小，钢筋净距较小，混凝土粗骨料最大粒径采用20mm，并且在预制时要振捣密实，有条件的应用附着式振捣器。

屋架的安装，大中型水电站厂房，可利用浇筑一期混凝土的起重设备。小型厂房可用桅杆式起重机吊装，也可用桥吊配桅杆式起重机吊装。

第四章 水电站大坝碾压混凝土施工技术探究

第一节 碾压混凝土坝仓面施工

一、仓面设计

仓面设计是指在碾压混凝土坝的某一仓混凝土浇筑前,根据施工技术规范、施工组织设计及碾压混凝土坝的施工特点,对浇筑仓提出的具体施工方案。设计内容包括浇筑仓所在部位、起止高程、施工起止时段、混凝土种类及其方量、混凝土施工层数、每层摊铺程序、每层浇筑条带的划分、浇筑仓入仓口位置和封仓口位置、人机物资源配置、施工质量要求和安全注意事项等。

二、卸料

碾压混凝土坝施工采用大仓面薄层连续铺筑,在老混凝土面上卸料之前,应先铺2~3cm厚的砂浆,坍落度不小于3~5cm,并用刮板刮平。卸料方式有自卸汽车入仓卸料、塔带机(顶带机)卸料、吊罐卸料、皮带机卸料等。

采用自卸汽车卸料时,宜采用退铺法两点叠压式卸料,即汽车将碾压混凝土拌和料分两次卸在已摊铺好的料上,第一次卸料1/3~1/2,汽车向前行驶1m左右后再进行第二次卸料;料堆在仓面上呈梅花形布置,每次卸料时,汽车都应将料卸于铺筑层摊铺前沿的台阶上。这种卸料方式可降低料堆高度,减轻骨料分离现象。另外，在自卸汽车上加后挡板，也能有效防止骨料分离[①]。

采用塔带机卸料时，应先在模板上画出分层线，布料厚度控制在45~50cm，橡皮筒距仓面高度不大于1.5m，用鱼鳞式分布法形成坯层，以减少骨料分离。

采用吊罐卸料时，控制卸料高度不大于1.5m，否则需用储料斗，再使用仓内自由卸车、装载机等分送至仓面。

采用皮带机入仓时，下料口应设有挡板、下料导管（如橡皮软管）和刮浆板，以防骨料分离和砂浆流失。

卸料方向应和推土机（平仓机）摊铺方向垂直。卸料堆旁分离出来的粗骨料，应由人工或其他机械将其均匀摊铺到未碾压的混凝土表面。

三、摊铺

碾压混凝土摊铺也称平仓，我国碾压混凝土坝施工采用的摊铺方法有水平层摊铺法和斜层摊铺法。

（一）水平层摊铺法

水平层摊铺法就是将卸到仓内的碾压混凝土拌和料，按水平方向分条带进行薄层摊铺的施工方法，是碾压混凝土坝施工最常用的摊铺方法，即将仓面从上游往下游划分为若干条带，条带的长度和宽度根据仓位大小、碾压混凝土生产能力和施工机械性能而定。各条带的摊铺方向应与坝轴线方向平行，以免在坝体中形

[①] 张政. 碾压混凝土拱坝仓面施工质量监控方法研究[D].郑州：华北水利水电大学，2019：12.

成顺水流方向的薄弱面。

施工中,一般可采用推土机或摊铺机进行摊铺作业。采用推土机进行摊铺时,铲刀应从料堆的一侧开始进刀,按照"少刮、浅推、快提、快下"的操作要领,依次分数刀将料堆摊平。在摊铺过程中,要尽量避免粗骨料在料堆坡脚集中,当发现有粗骨料集中的现象时,要及时用推土机清理。

(二)斜层摊铺法

斜层摊铺法就是将卸到仓内的碾压混凝土拌和料,按 $1:8 \sim 1:25$ 的坡度进行摊铺的施工方法,这种摊铺方法缩小了碾压混凝土浇筑层面的面积,减少了每层的浇筑方量,缩短了每层的摊铺时间,从而可将层间间隔时间控制在碾压混凝土初凝时间以内,有利于充分保证碾压混凝土层间结合质量。在高坝洲、江坪、大朝山、棉花滩和龙摊等碾压混凝土坝的施工中,都采用了斜层摊铺法。施工时从上游向下游摊铺,使碾压层面倾向上游,有利于碾压混凝土坝的层间抗滑稳定。

(三)摊铺厚度

我国的碾压混凝土施工规范规定,摊铺厚度宜控制在 $17 \sim 34$ cm 范围内,摊铺厚度太薄,会增加施工机械的工作量及工程费用;摊铺厚度太厚,容易造成骨料分离。影响摊铺厚度的主要因素有:碾压混凝土浇筑强度、摊铺机械的数量和性能、浇筑层的施工程序、各施工工序的组织、施工工法等。在工程实践中,一般压实层厚度为 30cm 时,摊铺层厚度为 $34 \sim 36$ cm。

江坪坝采用RCC法（薄层碾压法）施工，压实层厚度为30cm，摊铺层厚度为34cm。观音阁坝采用RCD法（厚层碾压法）施工，压实层厚度为75cm，每一碾压层分3层台阶式卸料摊铺，每层厚27cm，并使用推土机在摊铺过程中对碾压混凝土进行预压实；待三层摊铺完毕，再进行振动碾压。

四、碾压

（一）碾压机械选择原则

目前，碾压混凝土的压实机械均为通用的振动碾压机，简称振动碾，选用振动碾的原则如下。

（1）有足够的输出振动能量，这种能量应以所要压实的碾压混凝土在规定深处所需的压实能量为标准。

（2）要有合适的压实效率，对于有较高压实强度的工程，应选择行驶速度较低的振动碾。

（3）监测仪表尽可能齐全，同时要考虑操作简单、灵活。

（二）碾压工艺

1. 碾压遍数

碾压遍数应根据不同的工程特点、摊铺厚度和压实机械的激振力，通过试验确定。通常是先无振碾压2遍，再有振碾压数遍，最后无振碾压1~2遍。

2. 碾压方向与条带搭接

碾压方向应垂直于流水方向，从而可避免因条带搭接不良形成渗水通道，相邻条带之间的横向搭接宽度不宜小于20cm，纵向搭接长度应为1~3m。

3. 振动碾的行走速度

振动碾的行走速度一般控制在1.0~1.5km/h范围内，行走速度的快慢直接影响碾压效率和压实质量。若行走速度过快，激振力还未传递到碾压层底部，振动碾就已离开，从而影响压实质量。

4. 碾压层间隔时间

连续上升铺筑的碾压混凝土，层间允许间隙时间（从下层碾压混凝土拌合物加水时起，到上层碾压混凝土拌合物碾压完毕为止）应小于碾压混凝土初凝时间1~2h，且碾压混凝土拌合物从拌和到碾压完毕历时应不大于2h，若历时超过2h时，一般要加净浆碾压。

5. 仓面VC值控制

在碾压过程中，应根据现场的气温、昼夜、阴晴、湿度等气候条件，适当调整出机口VC值，仓面VC值一般以5~10s为宜，以碾压完毕时混凝土层面达到全面泛浆、人在上面行走有微弹性、仓面没有骨料集中等作为标准。如果由于气温、风力等因素的影响，碾压层面因水分蒸发而导致VC值太大，发生久压不泛浆的情况时,应采取有效措施补碾,使碾压表面充分泛浆。

五、层面处理

碾压混凝土坝施工存在许多碾压层面,而各个碾压混凝土坝块必须浇筑成一个整体,不允许出现层间薄弱面和渗水通道。为此,在施工中必须对碾压混凝土层面进行必要的处理,以提高碾压混凝土层面结合的质量。

碾压混凝土层面处理的目的是解决层间结合强度和层面抗渗问题,因此层面处理的主要衡量标准是层面抗剪强度和抗渗指标。不同的层面状况、不同的层间间隔时间及质量要求,需采用不同的层面处理方式。

(一)正常层面状况的处理方式

正常层面状况是指下层碾压混凝土在允许层间间隔时间之内浇筑上层碾压混凝土的层面,其层面处理方式如下。

(1)避免或减少层面碾压混凝土的骨料分离,尽量不让大骨料集中在层面上,以免其被压碎后形成层间薄弱面和渗透通道。

(2)如层面产生泌水现象,应采取适当的排水措施,并控制VC值。

(3)如碾压完毕的层面被仓面施工机械扰动破坏,应立即进行平整处理并补碾密实。

(4)对于上游面采用二级配碾压混凝土进行防渗的结构,

其上游防渗区域的碾压混凝土层面,应在铺筑上层碾压混凝土前铺一层水泥粉煤灰净浆或水泥净浆。

(5)碾压混凝土层面保持清洁,如被机械油污染的应挖除被污染的碾压混凝土。

(二)超过初凝时间,但未终凝层面的处理方式

超过初凝时间,但未终凝的层面可按正常层面处理,即在浇筑上层碾压混凝土前,铺设一层5~15mm厚的垫层。垫层材料可为水泥砂浆、粉煤灰水泥砂浆、水泥净浆或水泥粉煤灰净浆等。

(三)超过终凝时间层面的处理方式

超过终凝时间的碾压混凝土层面称为冷缝,若间隔时间在24h以内,仍可采用铺设砂浆垫层的处理方式;间隔时间超过24h时,将冷缝按施工缝的处理方式处理。

(四)改善层面结合状况的措施

为改善碾压混凝土层面结合的状况,通常可采取以下措施。

(1)在铺筑面积既定的情况下提高碾压混凝土的铺筑强度。

(2)配料时采用高效缓凝减水剂,以延长碾压混凝土的初凝时间。

(3)在气温较高时,采用斜层摊铺法铺料,以缩短层间间隔时间。

（4）缩短碾压混凝土的层间间隔时间，使上一层碾压混凝土骨料能够压入下一层，形成较强的结合面。

（5）提高碾压混凝土拌和料的抗分离性，防止骨料分离及混入软弱颗粒。

（6）防止外来水流入层面，并做好防雨工作。

（7）冬季注意防冻，夏秋季注意防晒。

六、缝面处理

缝面处理是指对碾压混凝土水平施工缝和施工过程中出现的冷缝面进行处理。碾压混凝土水平施工缝是指坝块施工完成一个升程（如3.0m高）后，而进行一定间歇（一般约3d）产生的碾压混凝土缝面。缝面是碾压混凝土坝的薄弱面，容易成为渗水通道，必须认真、严格处理，以确保碾压混凝土缝面的结合强度，提高坝体的抗渗能力。

碾压混凝土缝面处理方法和常态混凝土相同，一般采用如下方法。

（1）用高压水（或风砂枪、机械刷）消除碾压混凝土表面乳皮，使之成为毛面以露砂为准。

（2）清扫缝面并冲洗干净，在新碾压混凝土浇筑覆盖前应保持洁净，并使之处于湿润状态。

（3）在已处理好的施工缝面上，先按条带均匀摊铺一层1.5～2.0cm厚水泥砂浆垫层，再铺筑上一层碾压混凝土。

七、异种混凝土结合部位施工

异种混凝土结合部位,是指不同类别两种混凝土相结合的部位,如碾压混凝土与常态混凝土结合部位、碾压混凝土与变态混凝土的结合部位等。关于碾压混凝土与变态混凝土结合部位的施工问题,将在本章第7节讨论,本节主要讨论碾压混凝土与常态混凝土结合部位施工问题。

在碾压混凝土坝中使用常态混凝土的部位有:当采用"金包银"结构时大坝上、下游表面,坝体电梯井和廊道周边,大坝岸坡基础找平层等部位。为了保证常态混凝土和碾压混凝土交界面的结合质量,要求两种混凝土同步浇筑,即无论是大坝上、下游面的常态混凝土防渗体,还是大坝岸坡基岩面的常态混凝土垫层,都要求与主体碾压混凝土同步进行浇筑。

对于碾压混凝土与常态混凝土结合部位的施工,有"先常态后碾压"和"先碾压后常态"两种方法。在工程实践中,一般倾向于"先碾压后常态"的施工方法,因为常态混凝土在振捣时易流淌,难以成型,且在同等情况下,常态混凝土的初凝时间比碾压混凝土的初凝时间短。无论采用哪种施工方法,都应在常态混凝土初凝前振捣或碾压完毕。在结合部位振捣完毕后,再用大型振动碾进行骑缝碾压2~3遍或小型振动碾碾压25~28遍。

八、碾压混凝土的养护和防护

(一)碾压混凝土的养护

在碾压混凝土达到龄期或覆盖上层混凝土之前,应对其层面、暴露面进行湿养保护，主要养护措施有：喷雾、洒水、蓄水、覆盖塑料薄膜或草袋等。当已浇水平层未继续铺筑上一层碾压混凝土时，收仓12h后开始洒水养护，一直养护到上一层碾压混凝土开始铺筑时为止。对于永久暴露面，养护时间应在28d以上。

养护用水不应对混凝土产生有害影响，其质量应符合设计要求，凡符合国家标准的生活饮用水，均可用于养护碾压混凝土。

在施工过程中，还应做好养护的记录工作。

（二）碾压混凝土防护

由于碾压混凝土单位用水量很少，在水化作用发生的过程中，外界的温度会对其产生很大影响。

1. 低温影响及防护

试验证明：低温养护（1℃±1℃）90d试件的强度只有标准养护试件强度的66%。由此可见，低温对碾压混凝土强度的发展有较大影响。当气温接近0℃左右时，则需对碾压混凝土坝的暴露面进行保护，以免由于坝体内外温差太大而出现表面裂缝。有的工程规定：当日平均气温低于3℃时，就要对已浇筑的碾压混凝土进行保护。

防护的主要方法有：采用草垫、乙烯泡沫垫、麻袋等保温材料覆盖。有条件时，也可用薄膜对层面进行覆盖以保持碾压混凝土内的温度和防止水分蒸发。

2. 高温影响及防护

夏季高温，一般不宜进行碾压混凝土施工，但还是不可避免地存在着在次高温季节进行碾压混凝土施工的现象。这时，混凝土水分蒸发较大，VC值增长较快，对碾压混凝土施工质量的控制不利，工程中采取的措施主要有以下几点。

（1）拌和及沙石料系统设置制冷设施以降低混凝土入仓温度。

（2）汽车运输过程中加遮阳棚。

（3）仓面喷雾形成"小气候"，以降低仓面气温。

（4）及时平仓碾压，减小VC值增幅。

（5）采用塑料薄膜覆盖，减少水分蒸发。

碾压混凝土施工中的防护，还包括在施工中对各类观测仪器、埋线、止水片（带）等的防护。

九、碾压混凝土雨季施工

降雨会使碾压混凝土拌合物的含水量增大，在碾压混凝土浇筑仓表面形成水流，造成层面水泥砂浆的流失，加剧碾压混凝土的不均匀性，在坝体中形成薄弱夹层，从而影响碾压混凝土的质量。研究表明，降雨对碾压混凝土施工的影响比常态混凝土施工的影响大得多。

根据雨天降雨量的大小、降雨的不均匀性和突发性的暴雨等不同情况，应采取不同措施，一般采取的措施简要介绍如下。

（1）制定严格的雨季施工措施。

（2）施工现场备足防雨材料。

（3）组建雨季施工覆盖、排水专业队。

（4）加大碾压混凝土的VC值。

（5）在浇筑过程中遇到超过规定强度降雨量情况时，应停止拌和，并尽快将已入仓的碾压混凝土摊铺碾压完毕。

（6）用防雨材料遮盖新碾压的混凝土面或未碾压的混凝土面，防止雨水进入混凝土内。

（7）做好施工仓面的引排水工作。

棉花滩工程中的施工技术要求规定，当降雨量大于3mm/h时，不能开仓浇筑。如在浇筑过程中遇到超过3mm/h强度降雨量时，应立即停止拌和，并尽快将已入仓的碾压混凝土摊铺碾压完毕或进行覆盖，用塑料布遮盖新碾压混凝土面，再将雨水集中引排至坝外，对个别无法自动排出的水坑采取人工处理方法。暂停施工令发布后，碾压混凝土施工一条龙的所有人员，都必须坚守岗位，并做好随时复工的准备工作。当雨停后或降雨量小于3mm/h、持续时间30min以上、仓面未碾压的混凝土尚未初凝时，可恢复施工。

第二节　碾压混凝土坝施工温度控制

碾压混凝土重力坝一般具有大仓面通仓薄层碾压、连续快速施工的特点，由于坝体上升速度较快，难以通过浇筑层面散发坝体内部的热量。虽然碾压混凝土的水泥用量低，水化热升温较小，但由于温峰推迟，而且一般不进行混凝土内部人工冷却降温。因此在低温季节，坝体内外温差偏大时，就易产生较大的温度应力，引起表面裂缝。此外，碾压混凝土重力坝常在建基面上浇筑常态混凝土垫层，并停歇较长时间进行基础灌浆，更容易产生裂缝。

碾压混凝土拱坝尽管在薄层碾压过程中，可利用层间间隙散掉一部分热量，但在拱作用形成以后，仍有相当部分的水化热储存在坝体内。在坝体冷却降温过程中，当碾压混凝土收缩产生的温度应力超过其自身抗拉强度时，将引起拱坝的开裂，特别是对狭长的长条形仓面的坝体更为不利。碾压混凝土坝的温控工作虽没有常态混凝土复杂，但在施工过程中同样要采取相应的温控措施。碾压混凝土温控应根据不同的施工条件、气候、环境温度等选择合适的温控手段。

一、温度控制措施及选用

（一）温控措施

碾压混凝土施工宜在日平均气温3~25℃之间进行。当日平均气温高于25℃以及月平均气温高于容许浇筑温度时，如要进行碾压混凝土施工，则必须采取有效的降温措施。当日平均气温低于3℃或遇到温度骤降时，应暂停碾压混凝土施工，并对坝面及仓面采取适当保温措施。

碾压混凝土施工采用的温控措施主要有以下几个。

（1）减少碾压混凝土中的水泥水化热。采用低热或中热水泥，采用高效减水剂高掺粉煤灰或其他活性材料等，以降低水泥用量、减少水泥水化热。

（2）降低碾压混凝土入仓温度和浇筑温度。常用的方法有：降低骨料温度、在碾压混凝土运输过程中遮阳防晒、仓面喷雾降温等，必要时可在坝体内预埋冷却水管进行初期人工冷却，以削减温峰。

（3）加速浇筑块散热。合理分缝、分块，薄层浇筑。

（4）坝体表面防护。常用的方法有采用保温模板、覆盖保温材料等。

（二）温控措施的选用

在工程中，应针对不同的碾压混凝土坝型、工程规模及当地气候条件，选用不同的温控措施，以满足混凝土设计温度控制要求。温控措施的选择以满足坝体的容许浇筑温度、基础温差、上下层温差及内外温差为原则。一般中、小型碾压混凝土工程可采用一些简单易行的温控措施，如仓面喷雾、错开高温时段浇筑及骨料防晒等。对大型碾压混凝土工程，高温季节仅采用一些简易温控措施难以满足要求，可采用预冷骨料、加冰或冷水拌和、预埋冷却水管等降温措施[1]。

二、高温季节施工的温控措施

（一）骨料筛分运输系统温控措施

（1）提高骨料堆高度。尽量加大骨料堆的高度，当骨料堆高度不小于6m时，骨料温度接近月平均气温。

---
[1]王海建.碾压混凝土重力坝施工温度控制问题研究[J].农业科技与信息，2020（16）：120-121.

（2）骨料堆顶部喷雾降温。在骨料堆顶部用低温水和高压风混合形成雾状屏障，以反射阳光，减少阳光直射造成的骨料温升。喷雾时段一般为高温季节白天阳光照射时，阴天、雨天、夜晚不喷雾。

（3）骨料堆顶部搭设凉棚。在骨料堆顶部搭设凉棚，挡住直射阳光，以减少夏季白天阳光直射对骨料造成的升温，可使骨料有效降温2℃以上。

（4）骨料运输过程降温。在骨料运输廊道的进风口安装喷雾装置，以降低皮带表面温度；在输送骨料上拌和楼的皮带机上搭遮阳棚，避免骨料受太阳光的直接照射。

（二）碾压混凝土拌和系统温控措施

（1）材料储存罐。水泥、粉煤灰、骨料储存罐的表面应涂刷白色油漆，以反射阳光，减少储存罐的吸热率。

（2）拌和楼骨料仓降温。在拌和楼骨料仓采用喷水、喷雾、吹冷风（风冷骨料）等方式，降低骨料的温度，其中以风冷骨料的降温效果最为明显。

（3）碾压混凝土拌和过程降温。在碾压混凝土拌和过程中采用温度低于7℃的低温水拌和，或加冰拌和，以达到降低新拌混凝土出机口温度的目的。

（三）碾压混凝土运输过程温控措施

在碾压混凝土运输过程中，采取搭设遮阳棚、凉水冷却车厢等措施，以尽量减少预冷混凝土的温度回升。

（四）碾压混凝土仓面温控措施

1. 仓面喷雾降温

用低温水和高压风混合形成低温雾气，以反射阳光，改变仓面小环境，能有效地降低仓面气温；同时还能增加仓内湿度，减少 VC 值损失。工程实践证明，喷雾能使仓面小环境温度降低 $8\sim10℃$。

仓面喷雾通常采用风机喷雾和掺气管喷雾等两种方式。风机喷雾是将定型设备（喷雾机）接上水源后，从喷头喷出水雾进行降温。

2. 仓面覆盖

在仓面配备可收展的保温被，在阳光直射时，随碾压混凝土的摊铺、碾压，随用保温被覆盖，以减少阳光照射时碾压混凝土温度的回升。保温被可用双层编织布夹缝可收卷的、保温性能好的泡沫塑料制成。

3. 预埋冷却水管降温

我国早期的碾压混凝土工程，由于碾压混凝土浇筑方量不是很大，一般安排在低温季节施工，不需要进行初、中、后期通水冷却，因此不需要埋设冷却水管。但对于设有横缝且需进行接缝灌浆，或在高温季节施工混凝土内部最高温度不能满足设计要求时，可采用预埋冷却水管降温的方式。继三峡碾压混凝土纵向围堰在施工中埋设冷却水管降温以来，已有石门子、索风营、龙滩等多个碾压混凝土工程在坝体内预埋冷却水管进行通水冷却降温,效果明显。

三峡三期碾压混凝土围堰施工采取的温控措施如下。

(1)在混凝土运输过程中,运输机具上加设顶棚,尽量减少预冷混凝土的温度回升。

(2)碾压混凝土拌和料从出机口到平仓、碾压完毕不得超过2h。

(3)采用较低的VC值,仓面尽量控制在1~8s范围内。

(4)加强混凝土表面保温保湿。水平层面未继续铺筑上一层混凝土时,收仓12h左右混凝土终凝后开始洒水养护,并维持到上一层开始铺筑为止。

1~3月,外界气温较低,水分蒸发作用不强,上下游面洒水养护即可满足要求。上游面垂直段可以站在模板工作平台上进行洒水养护。

4~6月外界气温较高,水分蒸发快,上下游面应挂设花管进行流水养护。花管采用25钢管或塑料管,每隔20~30cm钻ø1mm左右的小孔,用12号铁丝挂在模板上,花管长度及通水流量视水压情况决定,以能湿润混凝土面为标准。

三、低温季节施工

根据碾压混凝土低温季节施工经验,主要采取以下措施。

(一)料场保温措施

气温偏低时(4℃以下),不进行筛分作业,防止骨料中出现冰块，同时对料场及卸料廊道采取增温保暖措施。

（二）碾压混凝土生产过程的保温措施

（1）适当调整混凝土配合比，外掺一定比例的混凝土防冻剂，并适当调整混凝土拌合物出机口的VC值。

（2）对混凝土拌和楼外部及拌和楼内各料仓外部及进水管道、外加剂溶液输送管道等采取保温措施。

（3）拌和系统进行骨料预热，采取热水拌和，以使碾压混凝土出机口温度保持在技术要求范围内。

（三）碾压混凝土运输过程的保温措施

在运输设备（自卸汽车、皮带机等）上搭盖顶棚，以减少碾压混凝土拌和料运输过程中的热量损失，且要避免混凝土拌和料在运输途中停留。

（四）仓面保温措施

（1）加快施工速度。仓面摊铺和碾压紧密衔接、快铺快压、碾压完毕尽快盖上保温被，以保温防寒。

（2）仓面采取蓄热法施工。如采用保温模板，仓面收仓后应及时用保温材料覆盖混凝土表面，上、下坝面拆模后应立即贴挂保温被保护。

（3）坝面喷涂保温材料，如聚氨酯保温材料等。

（4）下雪天停止施工。

（5）适当延长拆模时间。我国已在低温季节碾压混凝土施工方面积累了丰富的经验，在高寒地区建成的碾压混凝土坝有甘肃的龙首重力拱坝、新疆的石门子双曲拱坝等。

龙首重力拱坝的最大坝高为80m，坝顶最大弧长140.84m，碾压混凝土18.71万m^3。坝址地区夏季酷热，最高气温37.2℃，冬季寒冷，最低气温-33℃，河水温度较低，一般为0~7℃。该工程为保证碾压混凝土的质量，对碾压混凝土的拌制、运输、入仓、仓面作业，模板工艺等采取了如下措施。

1）温控措施：第一，根据施工时段及混凝土所处部位指定严格的温度控制措施，基础温差控制在14~16℃以内，内、外温差控制在15~20℃以内，上、下层温差控制在15~20℃以内，碾压混凝土出机口温度为10~20℃之间。第二，拌和系统设置制冷、供热设施，5月下旬至9月下旬用冷水（2℃左右）拌和混凝土，11月中旬至12月下旬进行骨料预热，采用热水（≤60℃）拌和混凝土。第三，成品料场搭设防晒棚。第四，仓面采用喷雾降温增湿（3—10月），冬季（11—12月）仓面在碾压前手持喷雾器增湿。第五，埋设ϕ28mm高密度聚乙烯塑料管（间排距1.5m×1.5m），通河水冷却，通水时间为20~30d。

2）冬季施工措施。第一，掺4%左右的混凝土防冻剂（对钢筋无腐蚀）。第二，仓面不能采用喷雾增施措施时，调整出机口VC值1~2s。第三，加快碾压速度，同时仓面要用保温被或塑料布保温，并及时覆盖已碾压好的混凝土面。第四，进行骨料预热，采取热水拌和以控制出机口温度，防止温差过大造成混凝土裂缝。第五，采用保温模板、仓面收盘后及时覆盖保温被、塑料布等。

采取以上措施后,该工程施工质量良好。

第五章
水电站大坝碾压混凝土施工质量管理

第一节 工程项目质量管理的相关理论

一、工程项目概念

（一）定义

工程项目又称单项工程，是指具有独立存在意义的一个完整工程，它是由许多单位工程组成的综合体。工程项目是指投资建设领域中的项目，即为某种特定目的而进行投资建设并含有一定建筑或建筑安装工程的项目。例如，建设一定生产能力的流水线；建设一定制造能力的工厂或车间；建设一定长度和等级的公路；建设一定规模的医院、文化娱乐设施；建设一定规模的住宅小区等。

（二）特点

工程项目具有一般项目的典型特征。

（1）唯一性：尽管同类产品或服务会有许多相似的工程项目，但由于工程项目建设的时间、地点、条件等会有若干差别，都涉及某些以前没有做过的事情，所以它总是唯一的。例如，尽管建造了成千上万座水电站大坝，但每一座都是唯一的。

（2）一次性：每个工程项目都有其确定的终点，所有工程项目的实施都将到达其终点，它不是一种持续不断的工作。从这个意义来讲,它们都是一次性的。当一个工程项目的目标已经实现,或者已经明确知道该工程项目的目标不再需要或不可能实现时,该工程项目即达到了它的终点。一次性并不意味着时间短,实际上许多工程项目要经历若干年。

(3)项目目标的明确性:工程项目具有明确的目标,用于某种特定的目的。例如,修建水电站以改善当地的电源结构。

(4)实施条件的约束性:工程项目都是在一定的约束条件下实施的,如项目工期、项目产品或服务质量、人财物等资源条件、法律法规、公众习惯等。这些约束条件既是工程项目是否成功的衡量标准,也是工程项目的实施依据。

工程项目与一般项目比较还有下述特点。

1)不确定因素多:工程项目建设过程中涉及面广,不确定性因素较多。随着工程技术复杂化程度的增加和项目规模的日益增大,工程项目中的不确定性因素日益增加,因而复杂程度较高。

2)整体性强:一个工程项目往往由多个单项工程和单位工程组成,彼此之间紧密相关,必须结合到一起才能发挥工程项目的整体功能。

3)建设周期长:一个工程项目要建成往往需要几年,有的甚至时间更长。

4)不可逆转性:工程项目实施完成后,很难推倒重来,否则将会造成大量损失,因此工程建设具有不可逆转性。

5)工程的固定性:工程项目都含有一定的建筑或建筑安装

工程，都必须固定在一定的地点，都必须受项目所在地的资源、气候、地质等条件制约，受当地政府以及社会文化的干预和影响。工程项目既受其所处环境的影响，同时也会对环境造成不同程度的影响。

6）生产要素的流动性：工程的固定性决定了生产要素的流动性。

二、项目质量管理定义

（一）质量管理的定义

质量管理是企业（项目）围绕着使产品质量能满足不断更新的质量要求，而开展的策划、组织、计划、实施、检查和监督、审核等所有管理活动的总和。它是企业（项目）各级职能部门领导的职责，而由企业最高领导（或项目经理）负全责，应调动与质量有关所有人员的积极性，共同做好本职工作，才能完成质量管理的任务。

（二）项目质量管理的定义

项目的质量管理是指围绕项目质量所进行的指挥、协调和控制等活动。进行项目质量管理的目的是确保项目按规定的要求圆满地实现，它包括项目所有的功能活动能按照原有的质量及目标要求得以实施。项目的质量管理是一个系统过程，在实施过程中，应创造必要的资源条件，使之与项目质量要求相适应。项目各参与方都必须保证其工作质量，做到工作流程程序化、标准化和规范化，围绕一个共同目标——实现项目质量的最佳化，开展质量管理工作。

项目质量管理是由优化的质量方针、质量计划、组织结构、项目过程中的活动以及相应的资源所组成,包括为确保项目能够满足质量要求所开展的过程和整体管理职能的所有活动,这些活动包括确定质量政策、目标和责任。在项目生命周期内,需要持续使用质量计划、质量控制、质量保证和改进措施,最大限度地满足顾客的需求和期望,并争取最大的顾客满意度[①]。

三、项目质量管理原则

(一)以顾客为关注焦点

组织的生存依赖顾客,组织应理解顾客当前和未来的需求,满足顾客要求并争取超越顾客期望。在项目质量管理中,项目的相关主体应明确自己的顾客是谁;应调查顾客的需求和期望是什么;应研究如何满足顾客的需求,提高顾客的满意度。

(二)领导作用

组织的领导者是"在最高层指挥和控制组织的一个人或一组人"。领导者确立组织统一的发展方向,他们应当创造并保持使员工能充分参与实现组织目标的内部环境。

(1)全员参与。各级人员都是组织之本,只有他们的充分参与才能使他们的才干为组织带来效益。

---

① 蒋翰林,钟杰,陈渊敏,等.项目质量管理工作提升思路[J].工程质量,2021,39(6):17-19.

（2）过程方法。将活动和相关的资源作为过程进行管理可以更高效地得到期望的结果。

（3）管理的系统方法。将相互关联的过程作为系统加以确认、理解和管理，有助于提高项目目标实现的效果和效率。

（4）持续改进。持续改进总体业绩应当是永恒主题。

（5）以事实为决策基础。有效的决策应建立在数据和信息分析的基础上。

（6）与供应商保持互利的关系。组织与供应商是相互依存的互利关系，可增强双方创造价值的能力。

四、项目质量管理基本原理

项目质量管理可归纳为六个基本原理：系统原理、PDCA 循环原理、控制原理、质量保证原理、合格控制原理和监督原理。

（一）系统原理

项目质量管理的对象是项目。项目是由不同的环节、不同的阶段、不同的要素所组成。项目的各环节、各阶段、各要素之间存在着相互矛盾又相互统一的关系；项目有众多目标，有总目标，又有子目标，总目标之间、总目标与子目标之间、子目标与子目标之间同样存在着相互矛盾又相互统一的关系。项目是一个有机的整体，是一个系统。项目的质量管理是由项目的相关方共同进行的。项目各个相关方之间也存在着相互矛盾又相互统一的关系。无论从项目质量管理的主体还是客体来看，项目质量的管理都是一个完整的系统。因此，在项目质量管理过程中，应运用系统原理进行系统分析，用统筹的观念和系统方法对项目质量进行系统管理，使得项目总体达到最优。

实施全面质量管理就是系统原理的充分体现。

全面质量管理是突出"全面"二字，即实行全过程、全企业和全员的三全管理。

（1）全过程的管理。对建筑安装企业，这一全过程是指从施工准备到交工验收和使用期的维修服务、质量回访等整个过程。要保证整个建筑工程的质量，必须对全过程中的每项生产和业务工作都要进行控制和管理。

（2）全企业的管理。对建筑安装企业，是指企业各个部门、各个方面的工作都必须有效地组织起来，为提高产品质量尽职尽责，不仅包括计划、技术、生产、物资、机械、质量检查部门，而且包括后勤、政工等部门。共同对工程质量做出保证应该是所有部门、所有方面一致奋斗的目标。

（3）全员管理。是指从企业经理到职工，特别是直接参加生产的工人，都要增强质量意识，人人从自己做起，关心工程质量，为工程质量负责。用全面质量管理的思想和方法搞好本职工作，在企业内部调动企业一切人员的积极因素，形成人人关心质量、人人管理质量，为工程质量负责的良好环境。

（二）PDCA循环原理

在项目质量管理过程中，无论对整个项目的质量管理，还是对项目的某一个质量问题进行管理，都需要经过从质量计划的制订到组织实施的完整过程。

即首先要提出目标，然后根据目标制订计划，这个计划包括目标，而且包括为实现项目质量目标需要采取的措施；计划制订后，就需要组织实施；在实施过程中，需要不断检查，并将检查结果与计划进行比较，根据比较的结果对项目质量状况做出判断，针对质量状况分析原因并进行处理，这个过程可归纳为PDCA循环。这里的P表示计划（Plan），D表示实施（Do），C表示检查（Check），A表示处理（Action），这是由美国著名管理专家戴明博士首先提出的，所以称之为"戴明环"。

（三）控制原理

质量控制是质量管理的一部分，致力于满足质量要求。质量控制的目标就是确保项目质量能满足顾客、法律法规等方面所提出的质量要求，质量控制的范围涉及项目形成全过程的各个环节。质量控制必须对干什么，为何干，怎么干，谁来干，何时干，何地干等给予明确规定，并对实际质量活动进行监控。

（四）质量保证原理

项目的质量保证是项目质量管理的一部分，致力于提供质量要求得到满足的信任。

质量保证具有特殊的含义，与一般概念的"保证质量"有较大区别。保证满足质量要求是质量控制的任务，就项目而言，用户不提质量保证的要求，项目实施者仍应进行质量控制，以保证项目的质量满足用户的需要。

（五）合格控制原理

在项目实施过程中，为保证项目或工序质量符合质量标准，及时判断项目或工序质量的合格状况，防止将不合格品交付给用户或使不合格品进入下一道工序，必须借助某些方法和手段，检测项目或工序的质量特性，并将测得的结果与规定的质量标准相比较，从而对项目或工序做出合格、不合格或优良的判断（称之为合格性判断）；若项目或工序不合格，还应做出适用或不适用的判断（称之为适用性判断）。这一过程就称为合格控制，合格控制贯穿于项目进行的全过程。

合格控制是确定项目阶段性成果及最终成果是否符合规定要求的重要手段，其质量的含义是静态的符合性质量。

合格控制是项目质量管理的重要组成部分，是保证和提高项目质量必不可少的手段。合格控制具有三项重要的工作职能：保证职能、预防职能和报告职能。

（六）监督原理

对项目的相关方来说，遵循质量监督法规，不仅是减少质量问题的重要条件，而且是维护自身利益所必需的。质量监督是建立在项目质量责任理论基础之上的，质量监督包括政府监督、社会监督和自我监督。

第二节　水电站大坝碾压混凝土施工基本情况

本书以龙滩水电站工程为背景，研究碾压混凝土施工质量管理问题。

一、枢纽布置

龙滩水电站是红水河梯级开发中的骨干工程，位于广西壮族自治区天峨县境内的红水河上，坝址距天峨县城15km。工程以发电为主，兼有防洪、航运等综合效益。本工程为Ⅰ等工程，工程规模为大（Ⅰ）型，工程枢纽布置为：碾压混凝土重力坝；泄洪建筑物布置在河床坝段，由6个表孔和2个底孔组成；左岸布置地下引水发电系统，装机9台；右岸布置通航建筑物，采用二级垂直提升式升船机。工程按正常蓄水位400m设计，初期按375m建设，电站装机容量分别为6 300MW与4 900MW。初期375m建设时，大坝按初期断面施工（水下部分按后期断面一次建成），引水发电系统土建部分除进水口坝段外按400m设计一次建成，初期安装7台水轮发电机组，预留2台机后期安装[①]。

二、大坝建筑物布置

初期建设时坝轴线长761.258m，坝顶高程382.00m，最大坝高192m，共分为31个坝段，即6个溢流坝段、2个底孔坝段、1个电梯井坝段、1个转弯坝段、9个进水口坝段、1个通航坝段、6个河床挡水坝段和5个岸边挡水坝段，其中河床挡水坝段，每个坝段宽22m，坝顶宽14m；进水口坝段宽25m，坝顶宽40.8m；通航

①杨兵.龙滩水电站测量技术方案研究[J].建材与装饰，2017（23）：280-281.

坝段宽88m，坝顶宽为38m；底孔坝段宽30m，溢流坝段宽20m，坝顶宽均为36m；两岸岸边挡水坝段宽9.5~28.3m不等，坝顶宽14m。

泄洪坝段布置在主河槽的中央，泄洪方向顺河流流向，泄洪坝段包括6个表孔坝段和2个底孔坝段。表孔溢洪道孔口宽15.0m，堰顶高程355.00m，溢流前缘宽135.00m，最高坝段坝基面高程190.00m。采用实用堰型式，孔口中间分缝，闸墩中墩宽5m，边墩宽4m，采用预应力闸墩。孔口安装平板检修闸门和弧形工作闸门。泄洪全部由表孔溢洪道承担，最大泄量27692m^3/s，下游消能采用高低坎差动式挑流消能。

在表孔溢洪道两侧对称布置两个底孔，主要为水库放空设置，并可用于大坝后期施工导流。为适应碾压混凝土施工，底孔采用有压流形式，水平布置。孔身为矩形断面，进口底槛高程290.00m，孔身尺寸5m×10m（宽×高），出口控制断面5m×8m（宽×高），鼻坎高程291.556m，反弧半径75m，挑流角15°，上游进口段设叠梁检修闸门和平板事故闸门，底孔不运行时由事故闸门挡水。下游出口设弧形工作门，孔身采用钢板衬砌，下游消能也采用挑流消能型式。

进水口采用坝式进水口，进水口坝段①~⑦机进水口底槛高程305.00m，⑧、⑨机进水口根据其地形地质条件，并按后期运行要求确定进水口底槛高程为315.00m。进水口坝段内布置引水隧洞的工作闸门和检修闸门，闸门孔口尺寸均为8m×12m（宽×高）。进水口前缘布置直立的屏幕式拦污栅。

右岸通航坝段兼作第一级升船机的上闸首，位置由航道的布置要求确定，中部设置通航闸槽孔口。

三、施工导流

（1）本工程采用隧洞导流，上、下游围堰一次拦断河床的导流方式，导流标准为实测系列全年10年一遇洪水，洪峰流量为14 700m³/s。

（2）2条16m×21m（宽×高）导流洞分左、右岸布置，其长度分别为598.63m和849.42m。

（3）上、下游主围堰采用碾压混凝土围堰，堰顶高程分别为273.20m和245.00m，最大堰高分别为82.70m和48.50m。

（4）为了保证主围堰在干地施工，上、下游布置土石子围堰，挡水标准为11月1日—次年4月15日的10年一遇洪水，洪峰流量为2 240m³/s。

（5）导流分为三个阶段：初期导流、施工期坝体临时拦洪和初期发电阶段。

初期导流为截流后至2006年的汛前，采用两条导流洞导流；2006年汛期，由溢流坝段高程285.00~295.00m缺口和导流洞联合泄洪，为坝体施工期拦洪阶段，坝体度汛采用100年一遇洪水标准，洪峰流量为23200m³/s；2006年11月导流洞下闸封堵，2007年汛期由溢流坝段高程342.00m缺口泄洪，为初期发电阶段，坝体度汛标准采用200年一遇洪水，洪峰流量为25100m³/s。

第三节 水电站大坝碾压混凝土施工质量管理对策研究

一、主要原材料的质量控制

（一）水泥、粉煤灰、外加剂等材料的质量控制

业主提供的水泥、粉煤灰及施工承包人采购的外加剂等原材料进场必须三证（生产许可证、出厂合格证、产品材质检验证）齐全，供货方必须随材料进场提供产品质量合格证，施工承包人必须及时通知监理人到场，施工承包人按有关规范规定的取样频率进行抽样检测，监理人按《原材料质量控制工作监理实施细则》的要求，见证施工承包人试验室取样检测，施工承包人待检测结果出来后填写检测结果报告单，并将合格证及产品材质检验证复印件、检测结果报告单一式三份，报监理工程师进行审批。经监理工程师审批后，施工承包人根据审批意见组织验收，未经监理工程师审批允许使用的材料，严禁用于大坝土建工程。

在接到施工承包人的材料进场通知后，监理工程师同时委托业主指定的工地中心试验室进行平行抽样检测，一旦发现检测结果有异常情况，由监理工程师通知业主物资供应部门或施工承包人一起查明原因，并采取相应的处理措施。

禁止使用不合格的材料。一旦发现抽样试验不合格，对于未使用的原材料限令24h内运出施工现场，对于已使用的必须返工处理。无论何种情况，承包人都必须提出专题报告，说明其影响范围、影响程度、采取的处理措施以及处理情况，报监理工程师

备查。

(二)人工砂石料的质量控制

施工承包人用于大坝碾压混凝土浇筑的粗、细骨料,应满足水工混凝土和水工碾压混凝土施工规范要求。碾压混凝土细骨料的细度模数宜在2.2~2.9之间;含水率不宜大于6%;DL/T 5112—2000《水工碾压混凝土施工规范》规定,人工砂石粉含量宜控制在10%~22%,针对龙滩水电站碾压混凝土砂石粉含量,根据2003年12月28日《龙滩工程RCC围堰施工配合比专家咨询会议意见》的要求,人工砂的石粉含量控制在16%~20%,石粉中细料(80μm以下颗粒)含量控制在50%左右。粗骨料粒径分为5~20mm、20~40mm、40~80mm三级,主要控制各级骨料的超、逊径含量,以原孔筛检验,其控制标准为:超径<5%,逊径<10%,含泥量≤0.5%,针片状颗粒含量≤15%,其他质量指标应符合DL/T 5112—2000《水工碾压混凝土施工规范》的要求。施工承包人按有关规范规定的频率对人工砂石骨料的质量进行检验,监理人按《原材料质量控制工作监理实施细则》的要求,见证施工承包人现场取样和试验室内检测,监理工程师定期委托业主指定的工地中心试验室取样进行平行检测,对施工承包人试验室的检测结果进行复核。

龙滩水电站主要由大法坪砂石系统承担大坝碾压混凝土所需砂石骨料的生产,该砂石加工系统于2003年12月26日正式投入生产,通过调试运行,到2004年7月已处于相对稳定期,生产的碾压混凝土用砂细度模数平均值为2.86;石粉含量平均值为18.43%,其中<0.08mm颗粒含量为52%,均满足规范及相关要求。

二、做好施工组织设计、施工措施的审查

监理工程师严格审查并帮助施工承包人完善其报送的《大坝碾压混凝土现场工艺试验大纲》《大坝碾压混凝土施工组织设计》，配合业主组织有关各方进行大坝碾压混凝土现场工艺试验，组织国内碾压混凝土专家进行龙滩水电站大坝土建工程施工组织设计的审查。在分部工程开工前，施工承包人必须向监理人报送分部工程施工组织设计（施工措施），监理人严格审查并提出审批意见。要求施工承包人在每仓碾压混凝土开仓前必须报送《混凝土浇筑仓面设计》，内容包括：浇筑部位、起止桩号、起止高程、分层分块顺序以及工程量、碾压混凝土类别、施工线路、入仓方式、入仓口的选定、施工手段（包括碾压混凝土供料强度、各种施工设备的型号和数量）等，并附简要的平面图、剖面图。施工承包人必须严格按监理工程师审批的《混凝土浇筑仓面设计》进行施工，如现场施工遇到困难要变更施工顺序，必须重新得到监理工程师的批准。

遇到横纵水平廊道、底孔等施工质量控制手段比较复杂的仓面，由监理工程师组织业主、设计、施工承包人（包括大坝碾压混凝土浇筑施工承包人、大坝基础固结灌浆施工承包人和其他与大坝碾压混凝土浇筑有关的施工承包人）召开碾压混凝土开浇前准备会，集思广益，做好各施工项目的协调工作，确定碾压混凝土浇筑的施工措施和施工顺序、施工进度安排等。

三、浇筑前的仓面验收

碾压混凝土浇筑前仓面检查验收的主要内容有：模板安装、

钢筋安装、止水铜片安装、排水盲管安装、基础面及浇筑缝面处理、仓内各种施工控制线标志等，碾压混凝土浇筑仓面经监理工程师验收合格后，签发混凝土开仓证，试验监理工程师签发碾压混凝土配料单，施工承包人开始碾压混凝土拌制。

四、碾压混凝土拌和的质量控制

混凝土拌和楼在投产前，必须进行衡器校验。拌制碾压混凝土前，必须通过试验确定拌和投料顺序及拌和时间，监理工程师监督施工承包人严格按设计配合比进行各种原材料的掺量设置、投料顺序设置及拌和时间设置，并对设备的正常运行进行定期检查。

监理工程师对碾压混凝土浇筑仓面验收合格后，施工承包方试验室人员根据施工承包方质量部送来的开仓证，按监理人批复使用的施工配合比开具碾压混凝土配料单，经监理人签字后，送至拌和楼，执行"一验""三检"制，即输入配料单前，试验人员验证称量系统的准确性，确认后由拌和楼操作人员将配料单输入计算机，此时操作人员进行"一检"，拌和班长进行"二检"，试验人员进行"三检"，严格核对配料称量设定值的准确性。

监理工程师在出机口按一定的频率见证施工承包人试验室对拌制的碾压混凝土的温度、VC 值、含气量等部分性能指标进行检测，委托业主指定的工地试验中心按一定的频率对拌制的碾压混凝土进行平行抽样检测[①]。

---

① 何帆.探讨龙滩水电站机电工程项目管理之路[J].红水河，2014，33(6)：124-128.

五、碾压混凝土浇筑过程的质量控制

碾压混凝土浇筑过程中监理人主要通过以下方式进行质量控制：过程巡查、仓面工艺旁站、监理工程师指令（必要时）、监理工程师校核性测试与抽样检查等。

（一）过程巡查

总监理工程师定期和不定期对施工现场进行全面巡视检查，在碾压混凝土浇筑过程中，一般有一名副总监理工程师和一名工程部主任（副主任）监理工程师在施工现场进行巡视检查，协调处理较大的问题并指导督查现场监理人员的监理工作。

（二）仓面工艺旁站

仓面工艺采取三班制24h旁站监理，一个碾压混凝土浇筑仓面一般安排一名或两名监理员（监理工程师）进行旁站。旁站监理人员主要按《龙滩水电站大坝碾压混凝土施工监理实施细则》和施工承包人报送、经监理审批的《碾压混凝土施工工法》《混凝土浇筑仓面设计》《大坝碾压混凝土施工组织设计》设计施工技术要求，监督施工承包人施工，主要对以下现场施工质量进行控制：碾压混凝土入仓温度、VC值、碾压遍数、泛浆效果、压实度、入仓口和浇筑仓面的污染控制等。在碾压遍数和压实度都满足设计要求的情况下，如果没有良好的泛浆效果，监理人员均要求施工承包人进行补碾，重点对上下游防渗区的碾压施工质量进行严格监理。

如碾压混凝土入仓温度、VC值等不能满足有关要求，仓面监理人员应立即通知试验监理人员督促施工承包人采取相应的处理措施。

对未按有关规定施工或资源配置不足导致碾压混凝土上坝强度不够等现场出现的质量隐患，经监理人员口头提出整改要求后，如施工承包人未按要求及时进行整改，监理人员对施工承包人下发《质量问题整改通知单》并督促检查施工承包人的整改落实情况。

在碾压混凝土浇筑仓面，试验监理工程师按一定频率见证施工承包人对碾压混凝土进行取样成型，对达到龄期的试块见证施工承包人对碾压混凝土的抗压强度、劈拉强度、抗渗等级、抗冻等级等常规性能进行检测，委托业主指定的工地试验中心对碾压混凝土的 VC 值、抗压强度等性能进行平行检测。

（三）监督施工承包人严格按有关规范和设计要求进行碾压混凝土养护

碾压混凝土拆模时间必须符合有关规范和设计要求，施工承包方拆模人员要进行拆模必须经施工承包人工程技术部的签字同意。由于龙滩水电站大坝碾压混凝土浇筑仓面一般都较大，每仓碾压混凝土一般在5万m^3左右，每仓浇筑时间一般在6d以上，所以碾压混凝土养护不能等到碾压混凝土收仓才进行，监理人根据浇筑部位的完成时间现场指示施工承包人进行碾压混凝土养护。对未终凝的碾压混凝土，指示施工承包人进行喷雾，保持碾压混凝土表面的湿润，必要时采取覆盖措施。碾压混凝土终凝后，抗压强度未达到250N/cm^2前，严禁施工机械在碾压混凝土面上作业。对未终凝的碾压混凝土，施工机械若需从其上面经过的，必须铺设10mm厚以上的钢板进行保护，避免破坏混凝土。遇寒潮时，督促施工承包人采用EPE保温材料（俗称"珍珠棉"）对混凝土面及时覆盖保温。大风天气或太阳暴晒天气，督促施工承包人对新浇碾压混凝土加强养护，覆盖彩条布，防止水分蒸发引起干缩裂缝。

六、施工缺陷处理

龙滩水电站大坝的主要施工缺陷是施工层面裂缝，属无危害性裂缝，对施工缺陷主要采取以下措施：对表面蜂窝、麻面凿除或打磨，并用高一级的混凝土或砂浆修补；对错台、挂帘采用铁铲铲除或角磨机打磨；对裂缝，则及时进行全面调查和对裂缝产生的原因认真分析，将调查结果和初步处理方案报监理审查后转报业主交给设计，或组织有关各方召开裂缝处理专题会，由设计出具裂缝处理通知书，由承包人按照设计要求进行处理。对裂缝一般采取沿裂缝开展方向凿"U"形槽，在槽内埋设排气管和测缝计，回填M30环氧砂浆，在槽上布设"Ω"形钢板及骑缝钢筋，在裂缝两端各钻一个应力释放孔，并埋设灌浆管后期采取灌浆处理。

结束语

目前，中国碾压混凝土坝总量居世界首位，大坝规模普遍高大，为顺应我国战略发展的需要，在未来水利工程的建设发展中，对碾压混凝土坝进一步地深入认识与分析研究显得尤为必要。在进行水电站建设施工的过程中，加强对水电站建设施工管理可以帮助相关管理人员调动施工人员发挥其最大能力进行施工。通过加强对水电站建设施工管理可以实现水电站建设过程中的人力、物力和财力的充分分配，使水电站的施工顺利进行。

笔者通过研究认为，碾压混凝土筑坝以及水电站建设施工应注意以下几点。

（一）加强碾压混凝土施工新技术研究

第一，继续加强混凝土的开发研究。碾压混凝土研究在未来发展的过程中，还需要进一步开发利用混凝土，不断地提高碾压混凝土施工技术的质量。水利工程堤坝建设过程中，碾压混凝土堤坝施工技术在其中仍然起到非常重要的作用。与此同时，加大力度对掺合料进行研究，尽可能地减少水利工程施工的成本，建设更加坚固和耐用的堤坝，为水利工程建设奠定良好的基础。

第二，继续加强混凝土的运输设备研究。总结水利工程大坝在以往建设当中的经验，在施工过程当中充分结合地质条件和气候条件，以便可以更加科学地推动混凝土运输工程的开展。在陡坡的条件下进行混凝土垂直运输，需要不断深入研究相关设备的技术，通过完善技术提高整体设备的性能，为水利工程未来的建设创造良好条件。

第三，加强碾压混凝土施工温控技术研究。在水利工程大坝建设的过程中，经常会受到气候条件的影响，夏季的高温以及冬季的严寒都会影响整体施工进度。碾压混凝土施工温控技术需要进行更深入的研究，不断地完善相关技术，为未来的水利工程建设提供强大的技术支撑。

现阶段，中国的水利工程大坝建设取得了卓越的成绩，混凝土碾压施工技术也越来越完善，其中一些施工技术和建设方式已经达到世界先进水平。在未来的发展当中，混凝土碾压堤坝施工技术还需要不断地进行完善，为水利工程建设提供强大的技术支撑。在面对越来越险峻的施工环境时，混凝土碾压施工技术也在面临巨大的挑战，故此，应该加强技术难度攻坚研究，不断地推动水利工程建设和经济的快速发展。

（二）加强水电站施工管理

第一，所选用的施工管理方式要适应生产力的具体状况。所在地区的生产力发展情况不同，所选用的管理方式就要与之相对应地进行改变，如果两者不相匹配就会在水电站工程建设过程中出现一些质量问题。在水电站工程项目实际施工过程中要把劳动者、劳动对象和劳动工具进行有效的整合，只有这样才能在一定程度内发挥当地生产力的最大效用。劳动者在这三个生产要素中占有最重要的地位，因为劳动者才是这三者的核心。随着我国市场经济不断发展，我国的劳动力水平正在逐渐提升，同时各种项目建设对将要雇用的劳动者的要求也越来越高。因为在现代社会建设工程所使用的设备一般都较为先进，所以就要求操作人员的专业素质过关。所以说，在选用施工管理方式的时候要根据当地的生产力具体状况来确定。

第二，对固有理念的创新。在水电站施工过程中，相关施工企业管理者的管理理念不够创新，导致相关管理工作不到位。在日常管理工作进行的过程中，一定要注意对相关人才进行培养和挖掘，不断地培养这些人才的创新意识和创新能力，从而更好地进行水电站建设的施工管理工作。所以，建设企业要从市场需求出发，根据市场的需求进行管理理念的创新。相关的建设施工企业在进行水电站工程建设的过程中要将管理理念创新作为企业发展的第一要素，在实际工程管理过程中要注意使用创新的管理方式，在使用过程中要及时发现问题，对管理方式进行改进。管理理念的创新不能仅仅表现在口号上，在实际的管理过程中要根据市场的需求制定出符合市场要求和企业发展的全新管理理念。

第三，对管理机制进行创新。在进行工程建设的过程中，采用施工管理可以为水电站项目建设确立组织结构，在制定相关施工制度上也有很大的帮助。在建设水电站项目建设的同时也能帮助建设单位明确现代化的管理体制，使得水电站项目建设可以顺利进行。但是在当前市场下，如果不对管理机制进行一定程度的创新，就有可能导致企业失去市场竞争力，对管理机制进行创新才能使企业在当前激励竞争的市场下占有一席之地。只有自身实力强大且能很好地对市场机遇进行把握的企业才能在当前市场中展现自己的竞争力，上述条件中企业的自身实力来自企业中的项目建设带来的社会经济效益，对市场机遇进行把握需要企业中的相关项目负责人对信息及时准确地分析和整合。

　　这在水电站施工建设过程中对于水电站的施工管理有着非常重要的意义。在实际的施工过程中，要认识到水电站施工管理对于水电站施工的重要性，根据工程的实际情况采取不同的管理策略，从而保证水电站的工程施工顺利进行。在提高对水电站工程施工管理力度的同时，还要注意对相关管理人员进行培养和培训，通过不断的培训来提高管理人员的专业素质。在项目施工进行中不断总结管理经验，使得水电站建设质量管理得到控制，从而提高水电站的施工质量。

参考文献

[1] 唐翠霞.浅谈水电站施工期环保工作管理与实践[J].低碳世界，2021，11（7）：150-151.

[2] 肖阳，赵志旋，翟冰.呼和浩特抽水蓄能电站碾压混凝土施工技术[J].红水河，2021，40（3）：24-26+44.

[3] 陈子银，王金平，岳耕.某水电站引水隧洞混凝土工程施工技术[J].红水河，2021，40（3）：41-44.

[4] 王金平，张超，陈名幸.某水电站溢洪道进水渠边坡开挖施工技术[J].红水河，2021，40（3）：70-73.

[5] 桂潭龙.碾压混凝土坝裂缝成因与防治措施探讨[J].江西建材，2021（5）：183+185.

[6] 贺永锋，刘军，杨柳，等.乌弄龙水电站大坝施工防裂措施[J].云南水力发电，2021，37（5）：58-61.

[7] 张利.水电站竖井衬砌施工中滑模技术的应用[J].水电站机电技术，2021，44（5）：55-57.

[8] 刘翠丽，李所.水电站尾水锥管混凝土浇筑施工技术[J].云南水力发电，2021，37（4）：139-141.

[9] 李成,丁访涛,秦谢,等.高掺氧化镁混凝土在大河水库工程中的应用[J].水电站机电技术,2021,44(4):71-74.

[10] 张亚平.水电站引水隧洞开挖及支护施工技术[J].居舍,2021(9):55-56.

[11] 欧阳志平.水电站引水导流洞封堵施工技术研究[J].水利技术监督,2021(3):110-113.

[12] 许志勇.水电站地下厂房渗水处理施工工艺探讨[J].四川水利,2021,42(1):48-50.

[13] 甄文凯.水电站引水隧洞开挖及支护施工工艺[J].中国高新科技,2021(2):53-54.

[14] 李娟,刘刚.水电站超长尾水渠方案优化调整与施工[J].陕西水利,2021(1):173-175.

[15] 顿江.某水电站绿色施工技术:土石坝技术2019年论文集[C].水利水电土石坝工程信息网,2021:288-293.

[16] 刘雨冰,谭建军,李倩.碾压混凝土技术与性能研究[J].工程建设与设计,2020(23):176-178.

[17] 江华.水电站碾压混凝土重力坝施工技术分析[J].工程技术研究,2020,5(23):28-30.

[18] 李书鑫.大坝混凝土缺陷处理施工技术的实例探析[J].工程技术研究,2020,5(22):115-117.

[19] 曾新立.现代水利水电站施工技术研究[J].水电站机电技术,2020,43(11):89-90.

[20] 伯强.水电站碾压式混凝土坝施工工艺及质量控制[J].水电站机电技术,2020,43(11):139-140.

[21] 史广生.高拱坝无人驾驶碾压筑坝技术实施与应用[J].建筑技术开发,2020,47(9):31-33.

[22] 李俊杰.碾压混凝土坝工作状态综合评价[D].郑州:郑州大学,2020.

[23] 覃晓航,卢德生.高双曲拱坝碾压混凝土快速施工探索与实践[J].红水河,2020,39(1):99-103.

[24] 王小毛.高薄碾压混凝土拱坝设计创新与实践[J].人民长江,2020,51(1):149-153+159.

[25] 张宪林.碾压混凝土筑坝技术的运用及思考[J].工程技术研究,2019,4(22):97-98.

[26] 陈敏.刍议碾压混凝土技术在筑坝施工中的应用[J].工程建设与设计,2019(20):149-150.

[27] 番华芬.水库大坝碾压混凝土筑坝施工技术研究[J].粉煤灰综合利用,2019(5):70-73.

[28] 胡艳军,刘同.碾压混凝土筑坝施工的智能控制及可视化技术应用[J].黑龙江科学,2019,10(20):74-75.

[29] 黄建安.论水电站施工安全管理的重要性[J].建材与装饰,2018(12):278-279.

[30] 曾贤东,张多智,徐君奎.水电站施工技术和质量管理的方法探讨[J].数码设计,2017,6(11):67.

[31] 谷明强.浅析水电站建设施工管理策略[J].黑龙江科技信息，2017（1）：226.

[32] 何帆.探讨龙滩水电站机电工程项目管理之路[J].红水河，2014，33（6）：124-128.

[33] 刘光廷.碾压混凝土拱坝研究与实践[M].郑州：黄河水利出版社，2004.

[34] 方坤河.碾压混凝土材料、结构与性能[M].武汉：武汉大学出版社，2004.

[35] 杨华全，任旭华.碾压混凝土的层面结合与渗流[M].北京：中国水利水电出版社，2000.

[36] 祁世京.土石坝碾压式沥青混凝土心墙施工技术[M].北京：中国水利水电出版社，2000.

[37] 祁世京.土石坝碾压式沥青混凝土心墙施工监理[M].北京：中国水利水电出版社，2001.

[38] 颜玉明，高宇.碾压混凝土及筑坝技术[M].南京：河海大学出版社，2018.

[39] 黄巍.碾压混凝土施工[M].北京：中国水利水电出版社，2017.

[40] 席浩，武斌忠，王保法.碾压混凝土研究与工程实践[M].北京：中国水利水电出版社，2015.

[41] 肖峰，冯树荣.龙滩碾压混凝土重力坝关键技术[M].北京：中国水利水电出版社，2016.

[42] 田育功.碾压混凝土快速筑坝技术[M].北京：中国水利水电出版

社，2010.

[43] 孙觅博.中小型水电站施工质量控制指南[M].郑州：黄河水利出版社，2006.

[44] 于建华，张松.水电站厂房设计与施工[M].郑州：黄河水利出版社，2014.

[45] 于涛，申时钊.观音岩水电站混合坝施工技术[M].北京：中国水利水电出版社，2015.

[46] 申茂夏，郗举科，米清文.锦屏一级水电站特高拱坝工程施工技术[M].北京：中国水利水电出版社，2015.

[47] 向永忠.冶勒水电站大坝防渗工程施工技术[M].北京：中国电力出版社，2012.